Heike Schüler

Weltzeituhr und Wartburg-Lenkrad

Heike Schüler

WELTZEITUHR UND WARTBURG-LENKRAD

Erich John und das DDR-Design

Jaron Verlag

Originalausgabe
2., verbesserte Auflage 2019

www.jaron-verlag.de
Umschlaggestaltung: Bauer+Möhring, Berlin, unter Verwendung von Fotos von Günter Höhne, Erich John, Günter Schneider und Heike Schüler
Satz und Layout: Prill Partners | producing, Barcelona
Lithografie: Bild1Druck GmbH, Berlin
Druck und Bindung: Westermann Druck Zwickau GmbH, Zwickau

ISBN 978-3-89773-860-7

Inhalt

Reporterglück 7

Überlandfahrt eines Stahlgerippes 10

Nordböhmischer Bauernjunge 12

Konstruiert wie ein Baum 13

Aufgeben? Niemals! 17

Mach's gut, erste Heimat 18

»Ich wollte nie Bauschlosser werden« 20

Ratlos trotz Berufsausbildung 23

Plötzlich öffnet sich das Paradies 25

Weißenseer Aussichten 26

Wohnen im Schaufenster 28

Preiswürdige Undine 29

Bauhaus kontra Blumenranke 31

Heißes Eisen in Karl-Marx-Stadt 33

Partymix bis Australien 35

Besteck zum Gucken 37

Von Schülermikroskop bis Mineralienschleifer 39

Leihdesigner fürs Wartburg-Lenkrad 41

Eine Mauer wird gebaut 43

Staubsauger-Affäre 44

»Weil ich die größte Klappe habe!« 46

Wieder ein Neuanfang 47

Nur nach Feierabend 48

15 Grad pro Weltzeitzone 51

Kleine Wunder 54

Tauchsieder auf dem Alex 57

Schlüssel fürs Schnäppchen 59

Zeichenhafte Uhr 60

Notfallpavillon als Imbissstand 62

Reisekader mit Privilegien 64

Exot auf dem Rad 66

Nichts ist, wie es war 68

Professoraler Abgang 69

Jeder kennt sie, niemand kennt ihn 72

Gibt es ein DDR-Design? 76

Abbildungsverzeichnis 79

Reporterglück

Wie funktioniert eigentlich die Weltzeituhr? Und zeigt sie auch die Sommerzeit an? Diese Fragen flattern mir als Reporterin des Rundfunks Berlin-Brandenburg auf den Tisch. Ein Zuschauer will das von der Berliner Fernsehsendung »Abendschau« wissen. Klar, die Weltzeituhr auf dem Alexanderplatz kenne ich seit meinen Kindertagen. Die Uhrzeit dort ablesen konnte ich immer: Wenn es in Berlin 12 Uhr ist, dann ist es in Moskau 14 Uhr. So weit alles kein Problem. Aber wie die Weltzeituhr wirklich tickt?

Ich beginne darüber nachzudenken und recherchiere. Der Erbauer der Uhr heißt Erich John, diese Information ist über das Internet leicht herauszukriegen. Zur DDR-Zeit hatte ich den Namen nie gehört. Die Weltzeituhr war einfach immer da, man hatte das Wahrzeichen nie mit einer bestimmten Person verbunden. Wen interessierte schon ein einzelner Name innerhalb eines sozialistischen Kollektivs? Jetzt aber versuche ich, den Schöpfer der Uhr aufzuspüren. Die Suche gestaltet sich mühselig. Ich finde weder Telefonnummer noch Adresse. Selbst Erich Johns ehemalige Wirkungsstätte, die Kunsthochschule Berlin-Weißensee, an der er jahrzehntelang als Professor gelehrt hat, besitzt keinerlei Kontaktdaten mehr.

Für die Weltzeituhr ist das Bezirksamt Mitte zuständig. Die Berliner Verwaltung verrät mir immerhin den Namen des Elektrikers, der das Bauwerk regelmäßig wartet und notfalls repariert: Michael Salchow. Dieser gestattet mir und meinem Kamerateam sogar Zutritt in das Innere der mysteriösen Uhr. Ich hatte bis dahin keine Ahnung, dass man dort hineinklettern kann. Im Schaft befindet sich versteckt eine schmale Tür, nur 48 Zentimeter breit – man muss also ziemlich schlank sein, um hindurchzukommen. Über eine steile Sprossenleiter gelangt man durch die Röhre in die Rotunde. Mein Kameramann und mein Ton-Kollege sind begeistert. Ich bin es auch. Wir filmen das Innenleben des Kunstwerks. Es sieht ganz simpel aus. Ein Autogetriebe sorgt dafür, dass stets die richtige Uhrzeit angezeigt wird. Michael Salchow erklärt uns geduldig die Technik dahinter: »Hier unten befindet sich ein Elektromotor, der ein Trabant-Getriebe antreibt. Das Getriebe wiederum treibt einen Zahnkranz an, und dieser bringt den Bereich, auf dem wir uns gerade befinden, in Gang.« Tatsächlich bewegt sich alle paar Minuten die gesamte Konstruktion, sodass wir immer wieder die Köpfe einziehen müssen.

Nebenbei erzählt Michael Salchow, er habe vor ein paar Jahren einen älteren Herrn hier an der Uhr getroffen. Der habe sich als der Designer der Weltzeituhr vorgestellt und seine Visitenkarte dagelassen – die liege noch auf seinem Schreibtisch. Welch ein Zufall! Nur eine halbe Stunde später erhalte ich von dem Techniker eine Telefonnummer aus Berlin-Biesdorf. Die wähle ich sofort. »Ja, bitte?«, fragt eine freundliche Stimme am anderen Ende der Leitung. »Guten Tag, Herr John, ich stehe gerade an Ihrer Weltzeituhr. Ich möchte Sie kennenlernen«, falle ich mit der Tür ins Haus. »Sehr gern! Wann wollen Sie denn vorbeikommen?«, erwidert der damals 83-Jährige erfreut. »Nun, wir könnten in einer Stunde bei Ihnen in Biesdorf sein …«, wage ich vorzuschlagen. »Oh, da muss ich mir noch etwas Vernünftiges anziehen«, scherzt Erich John. Seine Einladung steht. Mit so viel Spontaneität habe ich gar nicht gerechnet.

Mein Reporterglück wird komplett, als ich Erich John persönlich begegne. Mein Kamerateam und ich sind von seiner Herzlichkeit und seinen Geschichten sofort in den Bann gezogen. Die Zuschauerfragen können wir bald beantworten. Dann führt uns Erich John in sein privates Archiv im Keller und auf dem Dachboden. An den Wänden hängen dicht an dicht Bilder, die er während seiner Urlaube gemalt hat. Er zeigt uns jede Menge Skizzen und Alltagsgegenstände. Moment mal, das alles kenne ich doch von früher! Da begegnen mir zahlreiche Dinge, die meine Kindheit und Jugend in der DDR begleitet haben: das mir vertraute Schülermikroskop, eine Erika-Schreibmaschine, ein Radio, Eisbecher, Cocktailshaker, Handbürsten, Besteck, Ferngläser, Staubsauger, Autotürgriffe, ein Lenkrad, Bohrmaschinen, Lampen. Warum hat Erich John all das hier im Regal oder an der Wand? »Diese Gegenstände habe ich im Laufe meines Lebens entworfen«, erklärt er knapp. »Sie haben also nicht nur die Weltzeituhr gebaut?«, frage ich staunend. »Nein, das war nur eines meiner vielen Projekte neben meiner eigentlichen Arbeit.« Langsam begreife ich: Vor mir steht ein echter Designer, ein DDR-Designer! »Formgestalter«, verbessert Erich John lächelnd, »in der DDR hießen die Designer Formgestalter.« Von seinen Alltagsgegenständen waren jahrzehntelang etwa 17 Millionen Menschen, also sämtliche DDR-Bürger, umgeben. Aber auch die Westdeutschen nutzten einen Teil dieser Gegenstände, denn sie wurden unter abgewandelten Namen in die Bundesrepublik exportiert. Undercover, sozusagen. Nach diesem ersten Treffen mit Erich John weiß ich: Wir werden uns wiederbegegnen.

Seitdem besuche ich den Formgestalter und dessen Ehefrau Brigitta-Maria immer wieder in ihrem Haus. Ich berichte ein weiteres Mal über Erich John in der »Abendschau« und erfahre Stück für Stück spannende Details aus seinem ungewöhnlichen Werdegang. Letztlich beschließen wir, sein Leben als Designer aufzuschreiben. Er ist ein Zeitzeuge, der das Produkt- und Industriedesign in der DDR von der ersten Stunde an entscheidend mitprägte. »Ich habe mehrere Leben«, sagt er – und meint damit Lebensabschnitte, die sich durch radikale Umbrüche auszeichnen. Doch alles Erlebte hängt irgendwie mit allem zusammen.

Vielen Dank, Erich John, für Ihr Vertrauen und Ihre Geschichte.

Heike Schüler

▷ *Mit der Weltzeituhr auf dem Alexanderplatz schuf Erich John ein Berliner Wahrzeichen*

MURMANSK
ST. PETERSBURG
MOSKAU
NISCHNIJ NOWGOROD
WOLGOGRAD
BAKU
TIFLIS
ERIWAN
JEKATERINBURG
ASCHGABAT
BISCHKEK
DUSCHANBE
OMSK
ALMATY
TASCHKENT
NOWOSIBIRSK
KRASNOJARSK
9
10
11
12
13
TEHERAN +30`
BAGDAD
ADEN
SANAA
ADDIS ABEBA
MOGADISCHU
DARESSALAM
ANTANANARIVO
KUWAIT
KABUL +30
MAURITIUS
NEW DELHI +30`
KARACHI
COLOMBO +30`
RANGUN +30`
DHAKA
HANOI
BANGKOK
PHNOM PENH
JAKARTA

Überlandfahrt eines Stahlgerippes

Die Volkspolizei fährt voraus. Die Straßen durch Brandenburger Dörfer sind abgesperrt. Für Erich John ist es das erste und bis heute – rund fünfzig Jahre später – das einzige Mal, dass er mit Blaulicht begleitet wird. Nein, er hat sich nichts zuschulden kommen lassen. Die blauen Rundumleuchten auf den Polizeifahrzeugen gelten der speziellen Ladung eines Schwerlasttransporters. Diese lässt sich nur mit Augenmaß über die kurvigen Dorfstraßen manövrieren. Die Fahrzeugkolonne ist im havelländischen Rathenow gestartet. Ziel ist Berlin, der Teil, der seit 1949 die Hauptstadt der DDR ist.

Auf dem Transporter liegt ein Stahlgerippe, ein riesiger Zylinder. Fünfeinhalb Meter Durchmesser, zwölf Tonnen Gewicht. Es ist der Körper für ein Bauwerk, wie es die Welt noch nicht gesehen hat. Erich John hat es sich ausgedacht. Das Stahlgerippe bekommt noch eine Haut aus Aluminium- und Kupferplatten und stellt dann die Rotunde für die Weltzeituhr auf dem Alexanderplatz dar. Es ist Ende August 1969. Neun Monate lang haben Ingenieure, Handwerker und Facharbeiter aus Rathenow an der Konstruktion getüftelt, geschweißt und geschraubt. Alle Antriebsaggregate sind montiert. Die Probeläufe waren erfolgreich.

Die Truppe in den ersten Fahrzeugen bahnt den Weg. Sie sägt an den nahe der Straße stehenden Bäumen Äste ab, die zu weit über die Fahrbahn ragen. In Berlin hebt sie die Oberleitung über den Straßenbahnschienen an. Den Strom haben die Verkehrsbetriebe vorsorglich abgestellt. Auf dem Alexanderplatz wartet einer der größten Kräne, den die DDR aufzubieten hat. Er steht neben einer vier Meter hohen Säule. Das ist der Schaft der Weltzeituhr. Er ist schon vor Wochen im quadratischen Kellerraum stabil eingelassen worden und steht an einer der wenigen Stellen des Alexanderplatzes, an der sich im Untergrund keine U-Bahn-Anlage versteckt. Das Stahlskelett wird angeseilt. Der Kran zieht an und – »hebt ein Bein«. Erich John bleibt fast das Herz stehen. Die Ladung ist zu schwer. Der Kran wird versetzt, fährt näher an die Säule heran. Beim zweiten Versuch klappt es. Die mitgereisten Rathenower verschrauben die Rotunde am Schaft. Sie hält. Erich John atmet auf. »Los, wir klettern alle drauf!« Das Bauwerk hält

Ein Kran lädt 1969 auf dem Alexanderplatz das Stahlskelett ab

Geschafft! Erich John (links) mit Mitarbeitern aus Rathenow nach der Montage des Weltzeituhr-Gerüsts

dem Stabilitätstest stand. Eine selbstauslösende Kamera macht Schnappschüsse zur Erinnerung.

Doch das ist nur ein Etappensieg. Ausruhen gilt nicht. Bis zum 7. Oktober, dem zwanzigsten Jahrestag der DDR, muss die Weltzeituhr fix und fertig dastehen. Fünf Wochen sind es noch bis zur Übergabe. Die Elektrokabel werden mit den Stromanschlüssen im Kellergeschoss verbunden. Das Stahlskelett bekommt seine Haut. Auf halber Höhe der Rotunde wird ein farbiger Kranz montiert, 24 emaillierte Kupferplatten mit vergoldeten Ziffern von 1 bis 24, der sogenannte Stundenkranz. Jeweils über und unter die Ziffern hängen Mitarbeiter der Berliner Kunstschmiedefirma Kunsch Aluminiumplatten an die Stahlkonstruktion. In die Platten waren zuvor Städtenamen eingesägt worden. Nun werden sie so angeordnet, wie sich die Städte von West nach Ost rund um den Globus erstrecken. Alles läuft nach Plan.

Doch am Tag der Bauabnahme geht plötzlich ein Beben durch die Versammelten. Wo ist eigentlich die Baugenehmigung? Erich John zuckt mit den Schultern. Die Baugenehmigung? Sie ist nicht nur nicht zu finden – es gibt gar keine! »In dem Stress der vergangenen neun Monate habe ich schlicht vergessen, eine einzuholen«, gesteht der Designer. Überraschenderweise klappt es bei den Berliner Behörden diesmal blitzschnell. Am Tag der offiziellen Übergabe der Weltzeituhr an die Stadt Berlin liegen ordnungsgemäß alle Papiere vor.

Am 2. Oktober 1969 erfahren die Bürger zwischen der Insel Rügen und dem Erzgebirge erstmals aus dem DDR-Fernsehen von einem Bauwerk, das die Uhrzeit aus allen Teilen der Welt anzeigt. Die »Aktuelle Kamera«, die offizielle Nachrichtensendung, zeigt – noch in Schwarz-Weiß – den 37-jährigen Weltzeituhr-Erfinder Erich John neben dem Berliner Oberbürgermeister. Die Kamera fängt die staunenden Blicke von Passanten ein und offenbart gleichzeitig, was fortan mitten in der sozialistischen Hauptstadt zu sehen sein wird. Neben Städten der sozialistischen Bruderstaaten liest man auf den Aluminiumplatten wie selbstverständlich auch die Namen von Metropolen des kapitalistischen Auslands: London, Lissabon, Casablanca, Algier, New York, Tokio, Melbourne. Acht Jahre nach dem Bau der Berliner Mauer, die verhindert, dass Bürger der DDR diese Städte besuchen können, existiert mitten auf dem Alexanderplatz ein Stück Weltoffenheit. Hat das denn keiner bedacht?

Erich John hat einen Coup gelandet.

Nordböhmischer Bauernjunge

Niemand, wirklich niemand hat diese Karriere des Erich John voraussehen können. Er wird am 6. Februar 1932 im nordböhmischen Dorf Kartitz geboren. Etwa zwanzig Kilometer sind es bis zur deutschen Grenze. Seit dem Ende des Ersten Weltkriegs 1918 gehört Choratice – so der offizielle Name – zur Tschechoslowakei. Dementsprechend haben Erich und seine Eltern die tschechoslowakische Staatsbürgerschaft. Doch ihre Nationalität ist deutsch, und deutsch sprechen sie miteinander wie jeder andere in Kartitz auch.

Das kleine Dorf liegt idyllisch zwischen der Elbe und den Berghängen. Die Eltern bewirtschaften zehn Hektar gebirgiges Land und sorgen für etwa achthundert Obstbäume, hauptsächlich Äpfel, Birnen und Pflaumen. Auf angelegten Terrassen am Hang gedeihen Tomaten, Gurken und Kohlköpfe. Außerdem hat Erichs Vater durch geschickte Kreuzungen eine besonders große Zwiebelsorte gezüchtet, die bei den umliegenden Gastwirtschaften reißenden Absatz findet.

Mit zwölf Jahren ist Erich zwar nicht groß, aber kräftig und zäh, ein sportlicher Typ. Selbstverständlich muss er mithelfen auf dem Hof. Um fünf Uhr in der Früh wird aufgestanden. Der Junge mäht die Wiesen, wendet das Heu. Der Vater zeigt ihm, wie viele Dinge er mit eigener Hand bauen kann, Frühbeete zum Beispiel und was sonst noch auf einem Bauernhof nützlich ist. Erich wächst in einer Drei-Generationen-Familie auf. Der Großvater war Soldat im Ersten Weltkrieg. Durch Granatsplitter hat er sein Augenlicht verloren und damit seine Existenz als Bauer, doch er kann noch Körbe flechten. Die Großmutter führt den Haushalt und kümmert sich um den Heranwachsenden. Streng katholisch ist sie. Moral, Fleiß und Sparsamkeit sind ihre obersten Gebote. Das bekommt der Enkel so manches Mal direkt zu spüren. Als wäre es gestern gewesen, erzählt Erich John als über 80-Jähriger von einer nachhaltigen Erziehungsmaßnahme: »Mein Onkel schenkt mir einmal zwei Kronen. Das ist damals viel Geld. Sofort marschiere ich zum Tante-Emma-Laden im Dorf, um Brausepulver zu kaufen. Das schütten wir Kinder uns auf die hohle Hand, tröpfeln am Hydranten Wasser darauf und schlürfen es. Brausepulver ist für mich das Allergrößte. Für das gesamte Geld schleppe ich einen ganzen Berg an Pulvertütchen an und freue mich riesig. Doch als meine Großmutter sieht, dass ich die zwei Kronen nicht in die Sparbüchse gesteckt habe, bekomme ich das erste und letzte Mal von ihr den Hintern voll. Sparsamkeit ist ein wichtiger Teil meiner Erziehung, sie beeinflusst mein ganzes Leben und später ganz besonders auch meine Vorstellung von Design.«

Der zwölfjährige Erich mit seinen Eltern in Kartitz, Nordböhmen

Und noch etwas aus dieser Zeit prägt Erich Johns Schaffen: die alte Linde im Dorf. In der Nähe steht ein steinerner Trog, an dem das Vieh getränkt wird. Kaltes, klares Wasser kommt über eine Leitung direkt aus den Bergen. Der Baum stellt das Zentrum dar, unter der Linde spielt sich das ganze Dorfleben ab. Hier feiern die Bauernfamilien ihre Feste. Hier verabreden sich die Kinder, um auf der Wiese herumzubalgen. Hier duftet es nach Honig, wenn im Frühjahr die Linde blüht. Ihr fehlen schon ein paar Äste. Sie wurden abgesägt, als sie auf die Straße zu stürzen drohten. Doch die Krone ist gewaltig und spendet im Sommer üppig Schatten. Das Faszinierendste für den Bauernjungen ist der gewaltige Stamm. Er hat einen Durchmesser von etwa zwei Metern. Erich und seine Spielgefährten entdeckten ein Loch an der Wurzel und stellen fest: Der Stamm ist hohl. Die Kinder holen Werkzeug von den Eltern, kratzen die morschen Holzreste aus dem Innern und bauen einen Gang nach oben. Am Schluss nageln sie Holzlatten als Stufen hinein. So können sie durch den Stamm hindurch bis in die Krone des Baumes klettern – ein magischer Ort für Erich John.

Konstruiert wie ein Baum

Ein Vierteljahrhundert nach diesem Kindheitsabenteuer spielt die alte Dorflinde wieder eine Rolle in Erich Johns Leben, unbewusst diesmal. 1968 ist er Dozent an der Hochschule für bildende und angewandte Kunst in Berlin-Weißensee. Auf der Treppe – er weiß noch, wo genau – fordert ihn sein Kollege Walter Womacka auf: »Ihr Formgestalter könnt doch auch am Wettbewerb teilnehmen!« Gemeint ist ein städtebaulicher Wettbewerb für den Alexanderplatz in Berlin. Der Maler und

Grafiker Walter Womacka ist nicht nur auserkoren, zum Rektor der Hochschule aufzusteigen. Er agiert zudem als künstlerischer Berater für die Neugestaltung des Alexanderplatzes und hinterlässt dort selbst markante Spuren. Der Wandfries aus Mosaiksteinen am Haus des Lehrers, der Brunnen der Völkerfreundschaft und das kupferne Relief am Haus des Reisens stammen von ihm.

Der Alexanderplatz ist Sache des obersten Chefs der DDR, der Staatsratsvorsitzende Walter Ulbricht will sich hier ein Denkmal setzen. Dem historischen Alexanderplatz verordnet er ein modernes Antlitz. Er soll zum Vorzeigezentrum der sozialistischen deutschen Hauptstadt avancieren. Nach dem Zweiten Weltkrieg hatte der Alexanderplatz, kurz Alex, in Schutt und Asche gelegen, wie unzählige andere Orte Berlins. Lediglich die beiden Architekturjuwelen der Neuen Sachlichkeit, die Peter-Behrens-Bauten aus den 1930er-Jahren, konnten einigermaßen wiederhergestellt werden: Im Berolinahaus sitzt in den 1960er-Jahren der Berliner Magistrat, die politische Verwaltung der DDR-Hauptstadt, im Zwillingsbau Alexanderhaus befindet sich ein Warenhaus der HO, der zentralen Handelsorganisation der DDR. Vieles andere, was auf dem Alex noch halbwegs stehen geblieben war, wird jetzt weggerissen. Betriebe aus allen Ecken und Enden der ostdeutschen Republik entsenden Arbeitsbrigaden, die im Akkord neue Bauten hochziehen. Der bisherige Alexanderplatz wird um das Vierfache erweitert. In einem gigantischen Radius wird sozialistische Architektur aus dem Boden gestampft: das Haus des Berliner Verlages, das Haus des Reisens, das Haus der Statistik, das Interhotel Stadt Berlin und das Centrum-Warenhaus. Lediglich das Haus des Lehrers und die Berliner Kongresshalle stehen schon seit 1964.

»Der Grundriss des Alexanderplatzes ist damals spiralförmig«, erklärt Erich John. »Das ist allerdings nur von oben erkennbar – Architekten schauen ja immer von oben aufs Zeichenblatt. Die Spirale beginnt am Brunnen der Völkerfreundschaft und dehnt sich dann über den ganzen Platz aus. Heute ist von dieser Struktur allerdings nichts mehr zu sehen.«

Eine Weltzeituhr ist zunächst nicht vorgesehen. Doch beim Ausbaggern des Platzes stoßen Bauarbeiter auf eine alte Urania-Säule. So eine Säule gilt im Jahr 1968 in der DDR nur noch als ein längst überholtes Relikt aus der Kaiserzeit. Doch um sie rankt sich eine bemerkenswerte Geschichte. Aufgestellt wurde sie 1892, zusammen mit 17 weiteren Säulen auf anderen Plätzen und Straßen Berlins. Die quadratischen, mit gusseisernen Verzierungen versehenen Bauwerke aus Stein waren etwa viereinhalb Meter hoch und trugen an der Spitze große Uhren, zwei oder auch vier – an jeder Seite eine. Im Volksmund hießen die Urania-Säulen auch Wettersäulen, weil auf Augenhöhe meteorologische Instrumente wie Thermometer oder Barometer angebracht waren. Die Idee dazu stammte von der Urania-Gesellschaft, die das hehre Ziel vertrat, dem Volk ein Stück Wissenschaft näherzubringen. Den Namen Urania entlieh sie sich von der Muse der Astronomie aus der griechischen Mythologie. In Berlin wurden diese Säulen nicht etwa von der Stadtverwaltung betrieben, sondern von einer eigens gegründeten »Urania-Uhren- und -Säulen-Commandit-Gesellschaft«, die sich durch Reklame, die ebenfalls an den Säulen angebracht war, finanzierte. Als »eine frühe Form von ›Public Private Partnership‹« bezeichnet das der Bauingenieur und Denkmalpfleger Robert Burgaß, der sich 2009 in seiner Diplomarbeit mit der Entstehungsgeschichte der Weltzeituhr befasste. »PPP« stand offenbar schon damals in der Kritik. Spätestens die Inflation während der Weimarer Republik versetzte dem Modell den Todesstoß. Die Urania-Wettersäulen wurden bis 1923 betrieben, danach dienten sie wohl allenfalls als Reklameständer. Doch bei der Bevölkerung waren sie weiterhin beliebt – als Treffpunkt für Verabredungen.

Der Alexanderplatz als Zentrum der sozialistischen Hauptstadt soll an diese alte Geschichte nicht erinnern. Es wäre aber schön, so überlegen Ost-Berlins Stadtplaner, auf dem riesigen Gelände wieder einen markanten Treffpunkt zu schaffen. Sie schreiben darum einen Wettbewerb für eine moderne Urania-Säule aus – eine Säule, die den wissenschaftlich-technischen Fortschritt der sozialistischen Republik symbolisiert. Am 7. Oktober 1969, dem zwanzigsten Jahrestag der Gründung der DDR, muss sie stehen. So lautet die Vorgabe.

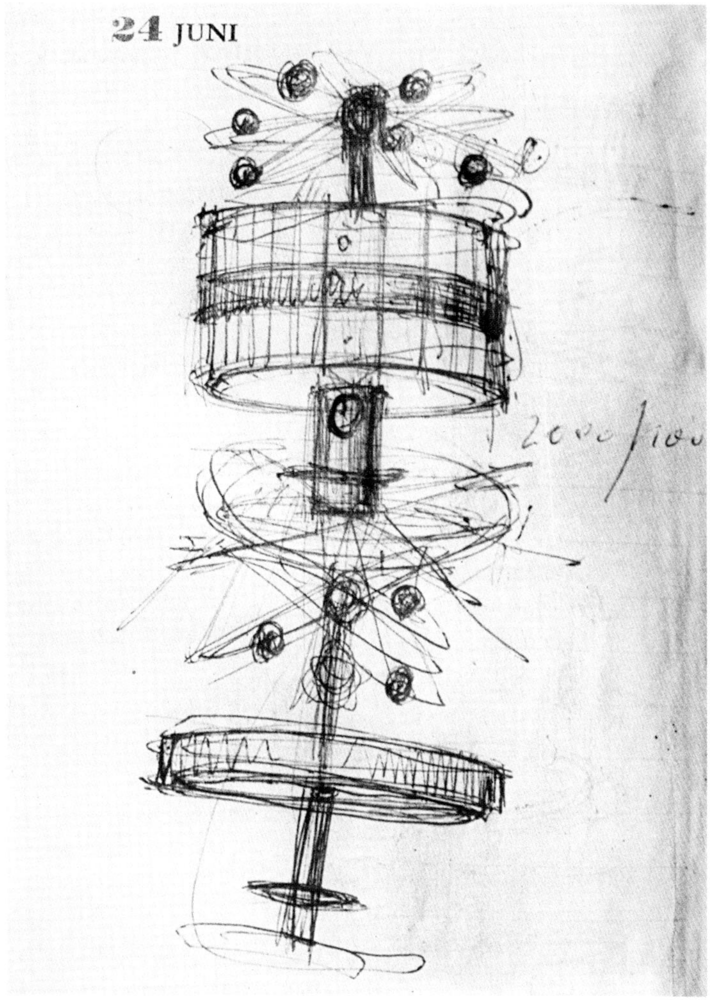

Skizze zur Weltzeituhr in Johns Taschenkalender von 1968

Nach der unmissverständlichen Aufforderung durch Walter Womacka beginnt Erich John Anfang Juni 1968, sich Gedanken zu machen. Ihm bleiben noch vier Wochen, bis alle Vorschläge für den Wettbewerb in einer Ausstellung präsentiert werden sollen. »Eine öffentliche Uhr, um die aktuelle Zeit abzulesen, braucht niemand mehr – die Leute tragen längst Uhren am Handgelenk. Mich interessiert vielmehr das Phänomen Zeit. Wie entsteht unsere Zeit? Wo kommt sie her?«, sinniert er. Seine Gedanken schweifen zu den aktuellen politischen Ereignissen. Die Nachrichten vom Prager Frühling schwappen vom Nachbarland Tschechoslowakei nach Berlin. Die Menschen in Prag fordern einen Sozialismus mit menschlichem Antlitz. Aufbruchstimmung verbreitet sich. Noch haben sowjetische Panzer die friedlichen Proteste nicht niedergeschlagen. Auch die Studentenbewegung der Bundesrepublik von 1968 wirkt bis in die DDR – jenen seit 1961 vom westlichen Deutschland abgeriegelten Staat, den kein Bürger mehr in Richtung Westen verlassen kann. All das geht Erich John durch den Kopf. Irgendetwas will er der durch Mauer und Stacheldraht manifestierten Grenze quer durch Deutschland und durch Berlin entgegensetzen.

Während einer Sitzung in der Kunsthochschule Weißensee kritzelt der 36-Jährige mit Kugelschreiber erste Skizzen in sein Notizbuch. Vielleicht doch eine Uhr? Wenn schon, dann soll sie aber die Uhrzeiten auf der ganzen Welt anzeigen! Denn Zeit macht nicht an Grenzen halt. Sie ist universell. Es müsste ein Bauwerk sein, das Weltall und Erde symbolisch verbindet, das die Zeit in den verschiedenen Zeitzonen anzeigt, rund um den Globus. Gleichzeitig schwebt Erich John ein Ort vor, den die Menschen gern besuchen, an dem sie sich verabreden und treffen, genauso wie ursprünglich an den Urania-Säulen. Er hat den weitläufigen Alexanderplatz vor Augen. Wenn es regnet oder im Sommer die Sonne brennt, brauchen die Menschen Schutz vor dem Wetter. Man müsste sich unterstellen können, ganz so wie unter einer Baumkrone. In der Struktur ähnelt der Entwurf des Designers schließlich tatsächlich »seiner« Linde im nordböhmischen Heimatdorf. Er konzipiert sogar den ausgehöhlten Stamm, durch den man in die Rotunde klettern kann wie er als Kind in die Baumkrone. Über allem soll ein Modell unseres Sonnensystems kreisen, denn die Bahnen der Planeten bestimmen die Zeit. Auch wenn all das bis jetzt nur eine Idee ist – die Skizzen hängen trotzdem in der Wettbewerbsausstellung.

Dann folgt die große Überraschung. Die Jury bleibt ausgerechnet vor Erich Johns Entwürfen lange stehen. Der Ost-Berliner Chefarchitekt Joachim Näther, Walter Womacka sowie einige SED-Funktionäre schauen gebannt auf das Weltzeituhr-Konzept. Die Vorschläge der anderen etwa 25 Wettbewerbsteilnehmer lassen sie links liegen, doch bei Johns Skizzen werden sie neugierig. Er wird herangerufen und aufgefordert, seinen Entwurf weiter-

Erste Überlegungen – noch ohne Rotunde und Sonnensystem

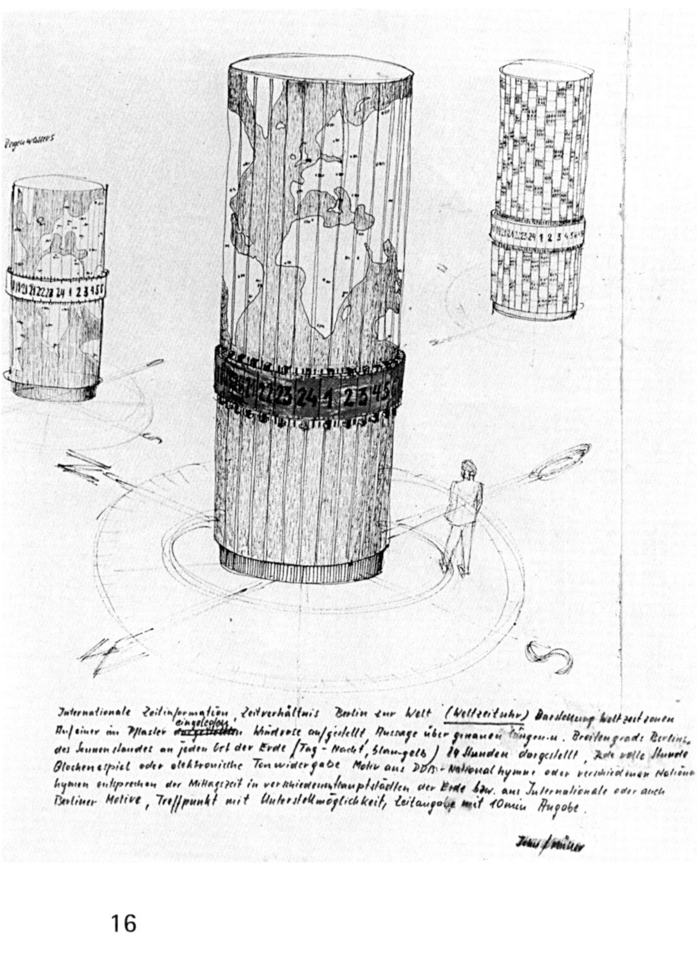

zuentwickeln. Neben 300 Mark Beteiligungsprämie, die alle Teilnehmer erhalten, bekommt er zusätzlich 3000 Mark. Für dieses Geld fertigt er zusammen mit einem Modellbauer eine Weltzeituhr en miniature. Das fünfzig Zentimeter hohe Modell veranschaulicht, wie das fertige Bauwerk aussehen soll.

Im August 1968 steht dieses Modell in der Ausstellung »Architektur und baugebundene Kunst Berlin«. Jetzt staunt sogar der Minister für Bauwesen der DDR, Wolfgang Junker, über das ungewöhnliche Gebilde. Erich John darf seinen Entwurf erneut erklären. Schließlich fragt ihn der Minister: »Können Sie diese Uhr denn auch bauen?« Dem Formgestalter rutscht das Herz in die Hose. Er hat ganz und gar nicht damit gerechnet, dass die SED-Regierung sein Symbol für Weltoffenheit für alle sichtbar aufstellen will. Er zögert. Auch weil er die Tücken der DDR-Planwirtschaft kennt. Er weiß um den Mangel an Material und Arbeitskräften. »Möglich ist in diesem Staat doch nur, was langfristig und in planbaren Strukturen abläuft«, denkt er sich. »Was aus der Reihe tanzt, ist schwierig umzusetzen. Eigentlich ist es aussichtslos, eine solche Uhr bauen zu wollen.« Höflich bittet er um 14 Tage Bedenkzeit.

Zeit für uns, auf sein bisheriges Leben zurückzublicken.

Aufgeben? Niemals!

Erich John kennt ausweglose Situationen. Sie prägen sein Leben und stärken sein Durchhaltevermögen. 1938 – Erich ist sechs Jahre alt und gerade mit einer riesigen Schultüte in die erste Klasse gekommen – wird sein Dorf Kartitz von der Wehrmacht besetzt. Entsprechend dem Münchner Abkommen hat das nationalsozialistische Deutschland Nordböhmen annektiert. Die Familie wohnt jetzt nicht länger in der Tschechoslowakei, sondern im Reichsgau Sudetenland, benannt nach dem Gebirgszug Sudeten, der vom Erzgebirge rund dreihundert Kilometer weit bis zu den Karpaten reicht.

Das Kind ist jetzt kein deutsch sprechender Tschechoslowake mehr, sondern Deutscher. SA-Leute patrouillieren durchs Dorf. Aus Kronen und Heller werden Mark und Pfennig. Vertraute Menschen wie der jüdische Arzt, der Erich John auf die Welt verholfen hat, verschwinden plötzlich – von einer Flucht nach Amerika wird gemunkelt. Die Bauern liefern jetzt »ins Reich«. Drei Eisenbahnwaggons mit Äpfeln sind pro Ernte abzugeben. Der Vater lehnt Waffen und Soldatentum ab. Die Großmutter wettert, dass Krieg nur Leid und Elend bringe. Auch Erich John wird zeitlebens pazifistisch denken.

Der strenge, missmutige Volksschullehrer motiviert ihn nicht zum Lernen, sondern schüchtert ihn ein. »Immer wieder schlägt er uns mit einem großen Lineal auf die Handflächen. Besonders uns Jungen wegen irgendwelcher Vergehen. Wir müssen auf dem harten Katheder knien, diesem hölzernen Lehrerpult.« Der Lehrer verweigert ihm die Empfehlung für die höhere Schule. Die Noten sind schlecht, es hapert an der Rechtschreibung. Ob der Junge für den Unterricht lernt, kontrolliert daheim niemand. Die Eltern arbeiten von früh bis spät. Doch die Großmutter glaubt an ihren Enkel. Um ihm auf die Sprünge zu helfen, treibt sie eine pensionierte Oberlehrerin auf. Die kultivierte ältere Dame zeigt ihm, dass Lernen Spaß macht. Bezahlt wird sie mit Obst und Gemüse aus der Bauernwirtschaft. 1944, um ein Jahr verspätet, schafft der Elfjährige die Eignungsprüfung für die höhere Schule – ein wichtiger Schritt für die Zukunft. Endlich erfährt er in der Schule Anerkennung. Er wird sogenannter Klassenführer, darf die Tafel abwischen und für Ordnung sorgen. »Plötzlich interessiert mich alles. In jedem Fach unterrichtet ein anderer Lehrer: alles alte Männer – die jungen sind ja im Krieg – und Lehrerinnen. Ich erhalte mein erstes gutes Zeugnis.« Der Schulleiter fördert Kunst und Kreativität. Die neuen Klassenkameraden spornen ihn an. Sein Banknachbar Joachim John, dessen Werke in den Schulfluren hängen, zeichnet besser als er. »Das wurmt mich. Ich übe zu Hause. Eines meiner ersten Bilder zeigt unser Bauernhaus. Zeichnen macht mir bald richtig Spaß.« Sein Namensvetter wird in der DDR ein bekannter Maler und Grafiker und Mitglied der Akademie der Künste der DDR. Doch auch Erich John eröffnet das Zeichnen eine weitreichende Lebensperspektive. Er weiß es nur noch nicht.

Wie die meisten Jungen im Dorf ist er Mitglied der Hitlerjugend. Der Pimpf trägt die Uniform mit braunem Hemd, schwarzer Hose, Gürtel und Fahrtenmesser an der Seite, wenn die Kinder in der Schule zum Appell antreten müssen. Immer öfter unterbricht Fliegeralarm den Unterricht. Noch vor Ende der sechsten Klasse endet die Schulzeit. Schnell endet auch die Kindheit. Familien aus Schlesien erreichen Kartitz. Sie flüchten vor der heranrückenden Front. Die Eltern rücken im Haus zusammen und nehmen Flüchtlinge auf. Vater und Sohn müssen am Wochenende zur Volkssturm-Ausbildung. Eines Nachts leuchtet in der Ferne der Himmel rot – Dresden brennt. Deutsche Wehrmachtssoldaten ziehen auf ihrem Rückzug durchs Dorf.

Am 10. Mai 1945 stehen Soldaten der Roten Armee im Hof. Dass der Krieg vorbei ist, empfinden alle als Erleichterung. Doch die Deutschen in Nordböhmen haben in dem Landstrich keine Zukunft mehr. Tschechoslowakische Behörden enteignen die Johns, Haus und Hof teilen sie einem tschechischen Bauernpaar und seiner 16-jährigen Adoptivtochter zu. Erich John muss mit seinen Eltern die angestammte Wohnung räumen. Sie ziehen vorerst alle zusammen in die Wohnung der Großeltern, die im selben Haus liegt. Fortan müssen die alteingesessenen Bauern auf dem Hof tun, was der neue Besitzer anordnet. Als Arbeitskräfte für die Ernte sind sie nützlich. Auch der 13-jährige Erich muss mitarbeiten. In Erinnerung bleiben ihm das hübsche tschechische Mädchen und sein erster scheuer Kuss. Dann kommt die Vertreibung.

Mach's gut, erste Heimat

Erich John erinnert sich: »Am 25. Oktober 1945 hat mein Vater seinen 45. Geburtstag. Wir kehren vom Acker heim und stehen vor versiegelten Türen. Wir dürfen keinen Schritt mehr ins Haus tun. Vorsichtshalber haben wir bereits unsere Kisten gepackt. 25 Kilo darf jeder mitnehmen. Eine Kommission durchwühlt alles. Wertgegenstände müssten dableiben.« Seit dem Potsdamer Abkommen vom 2. August 1945 steht fest, dass alle Deutschen aus Nordböhmen umgesiedelt werden. Die Großeltern, die Eltern und der Sohn verstauen ihre Habseligkeiten auf einem von Kühen gezogenen Karren. Die Adoptivtochter der neuen Hofbesitzer weint bitterlich. Erich John wird sie nie mehr wiedersehen.

Die nächste Unterkunft der fünfköpfigen Familie ist ein Lager, noch immer in der Tschechoslowakei, umgeben von Stacheldraht. Zusammen mit fünf anderen Familien wohnt sie beengt in einem Haus. Die Toiletten sind nur Donnerbalken. Der Vater schuftet nun in einem Steinbruch, ein steiler Basaltberg wird zu Schotter für den Straßenbau zerkleinert. Die Mutter zerreißt in einer Fabrik ausgediente Uniformen, die Lumpen werden weiterverarbeitet. Ab seinem 14. Geburtstag am 6. Februar 1946 gilt für Erich John ebenfalls Arbeitspflicht. Ohne Arbeit gibt es keine Lebensmittelkarten. Der Junge malocht in einer Asbestfabrik, innerhalb weniger Wochen hat er durch die feinen Fasern überall Beulen auf der Haut. Er ist schwer krank. Sein Vater wird wenig später durch einen herabfallenden Stein an der Wirbelsäule verletzt. Nun ist er als Arbeitskraft wertlos, das bedeutet die Ausweisung. Die Lagerverwaltung stellt den »blauen Schein« aus.

Im Mai 1946 wird die Familie ins Auslieferungslager gebracht. Sie teilt sich eine Baracke mit dreißig Deutschen und unzähligen Wanzen. Nach zwei Wochen geht es im Viehwaggon über die tschechoslowakisch-deutsche Grenze. Im sächsischen Bad Schandau steigen die Johns mit ihren wenigen Habseligkeiten aus. Auf einem anderen Gleis wartet ein notdürftig reparierter Personenzug. Vier Tage lang tuckern sie damit durch ein fremdes Land. Niemand der Ausgesiedelten erfährt, wohin die Reise geht. Gerüchte machen die Runde: von Lüneburger Heide bis Sibirien. Die Landschaft, die an den Fenstern vorbeizieht, wird immer flacher. Für den Jungen aus dem Gebirge ist das eine andere Welt. Die beschwerliche Zugfahrt endet in Mecklenburg, in Bad Kleinen am Schweriner See. Doch die Odyssee geht weiter.

Wie Zehntausende Aussiedler auch muss Familie John zuerst ins Quarantänelager nach Losten. Mitten im Wald, fernab der Zivilisation haben sowjetische Soldaten Bäume gefällt und Blockhütten gebaut. Das Lager ist für eintausend Flüchtlinge ausgelegt. Als Erich John das Gelände betritt, hausen hier doppelt so viele. Typhus bricht aus. Erkrankte werden isoliert. Etliche sterben. Der Tod ist allgegenwärtig. An den Bäumen im Wald sieht Erich John immer wieder Männer und Frauen, die sich erhängt haben. »Viele sind verzweifelt, weil sie alles verloren haben, und fassen keinen Mut für einen Neuanfang. Für meine Eltern und Großeltern ist es auch sehr schwer. Ich sehe viele Leichen zu dieser Zeit. Ich muss helfen, sie in Papiersäcke zu stecken und in Massengräbern zu verscharren.« Zu diesem Zeitpunkt ist Erich erst 14 Jahre alt.

Wer nach dem ehemaligen Lager sucht oder sich bei den Einheimischen des kleinen mecklenburgischen Dorfs Losten durchfragt, findet heute tief im Wald versteckt einen gut gepflegten Kriegsgräberfriedhof. Er ist nur zu Fuß zu erreichen. Auf einer weißen Tafel des sogenannten Ehrenfriedhofs steht: »Etwa 280 Menschen starben, geschwächt durch Entbehrungen aller Art sowie seelische und körperliche Nöte, und fanden hier im Wald ihre letzte Ruhe.« Unter hohen Bäumen liegen kleine rechteckige Grabtafeln, dicht aufgereiht, mit Namen und Geburtsdaten der Verstorbenen. Manche waren nicht einmal ein Jahr alt. Bis Ende 1946 kamen rund 53 000 Umsiedler aus Gegenden östlich der Oder und Neiße in dieses Quarantänelager. Das Leid von damals vergisst Erich John sein Leben lang nicht. Doch er ist jung und will leben.

Schließlich der Neuanfang im mecklenburgischen Neukloster, Ende Juni 1946. Auf dem Bahnhof hält der Bürgermeister eine kurze Willkommensrede. Doch willkommen ist hier niemand mehr. Die kleine Stadt quillt von Flüchtlingen über. Bis zum Ende des Zweiten Weltkriegs hatte Neukloster 2500 Einwohner. Inzwischen drängen sich doppelt so viele Menschen in den engen Bauern- und Bürgerhäusern zusammen. Den Alteingesessenen trotzen die Behörden durch Razzien weitere Unterkünfte ab. »Wir werden bei einer Familie zwangsweise untergebracht«, erinnert sich John. »Die ist entsprechend begeistert. Wir bekommen ein winziges Zimmer zugewiesen. In dem Einzelbett links schlafen zu zweit meine Eltern, in dem anderen rechts meine Großeltern. Ich liege auf einer Matratze zwischen den beiden Betten.« An der Pumpe im Hof waschen sie sich erst einmal. »Man gibt uns das Gefühl, der letzte Dreck zu sein.« Obendrein ist das Plattdeutsch der Einheimischen für die nordböhmischen Zuzügler wie eine Fremdsprache.

Erich John findet trotzdem schnell Kontakt. Bald ist er Mitglied einer Clique von mehreren Jungen. Es ist wie ein Fest für ihn, als er bei dem Vater eines neuen Freundes auf dem Kutschbock mitfahren darf. Ein Leben voller Abenteuer erhofft er sich. Nachdem er wochenlang eingesperrt gewesen war und stets Stacheldraht vor Augen hatte, fällt nach und nach der Druck von ihm ab. Sein Vater bekommt Arbeit im Hafen von Wismar. Doch der Hunger bleibt – 1946 ist ein Hungerjahr. Die Großeltern sind von den Strapazen der Umsiedlung zu angeschlagen, um sich in Mecklenburg erholen zu können. Sie reisen nach Bayern aus, zu ihrer Tochter. Diese hat es im Westen besser getroffen, denn dort gibt es bereits ausreichend zu essen. Erich John vermisst seine Großeltern. Zwei seiner wichtigsten Bezugspersonen sind für immer aus seinem Leben verschwunden.

»Ich wollte nie Bauschlosser werden«

Wie nun weiter? Um etwas zum Essen zu ergattern, verdingt sich der mittlerweile 15-jährige Erich John bei einem Bauern. Bei ihm mistet er Kuhställe aus. Daneben hilft er bei Waldarbeiten. Er sucht eine Lehrstelle. Doch niemand macht ihm Hoffnungen, seinen Traum, Förster zu werden, realisieren zu können. Er hat ja nicht einmal einen Schulabschluss.

Glück hat er schließlich durch das Unglück eines anderen. »Ein Schlosserlehrling ist beim Baden im See ertrunken. Das erzählt man sich im Ort. Ich wollte zwar nie Bauschlosser werden, klopfe aber trotzdem an die Tür einer kleinen Bauschlosserei in Neukloster.« Es ist Juli 1947, das Lehrjahr läuft bereits. »Der Meister, Paul Trost, öffnet die Tür. Er trägt Arbeitsklamotten und eine Lederschürze wie ein Schmied.

Überall auf dem Hof liegt altes Metall herum, und darunter befinden sich – wie merkwürdig – viele Geldschränke. Wie ich später erfahre, hat der Meister in einer Geldschrankfabrik seine Lehre gemacht. Er weiß, wie man Tresorschlösser repariert. Auf den umliegenden Gutshöfen hatten die Russen versucht, die Tresore der geflohenen Gutsbesitzer aufzubrechen. Manche hatten sie aufgesprengt.«

In der Werkstatt lässt der wortkarge Meister den Jugendlichen ein Stück Draht biegen und mit einem Vorschlaghammer Metall auf dem Amboss schlagen. Das ist offenbar die Aufnahmeprüfung. Er nimmt Erich John als Lehrling an. Leicht macht er es dem Zugewanderten aus Nordböhmen aber nicht. Der Urmecklenburger spricht ausschließlich Plattdeutsch. Obendrein pflegt er einen herablassenden, poltrigen Umgangston. Die Verständigung ist schwierig. Doch was soll der Lehrling machen? Erich John arrangiert sich. Bald versteht er es, aus Luftschutztüren sogenannte Kochhexen zu bauen, das sind einfache Öfen mit kleinem Schornstein und Herdplatten. Abnehmer sind die vielen mittellosen Flüchtlinge. Er repariert Fahrräder und flickt aus drei kaputten Fahrradschläuchen einen brauchbaren zusammen. Für sich selbst baut er ein Fahrrad. »Es ist etwas Tolles, ein eigenes Fahrrad zu haben.« Schon bald kennt er sich mit Fahrrädern so gut aus, dass Schwarzhändler seine Kunden werden. Die sogenannten Schieber, die mit dem Zug aus Berlin ankommen, brauchen Fahrräder, um damit über Land zu fahren. Bei den Bauern versuchen sie Butter und andere Lebensmittel aufzutreiben. »Ich halte ihre Fahrräder in Ordnung und kriege dafür jedes Mal eine Packung Lucky Strike.« Er selbst raucht zwar gar nicht, doch Zigaretten sind eine wertvolle Tauschware.

In Neukloster wird die Lehrerbildungsanstalt von 1862 wiederhergerichtet. Im Lehrerseminar werden Studierte zusammen mit gebildeten Arbeitern in Schnellkursen zu Neulehrern ausgebildet. Sie sollen in der SBZ, der sowjetischen Besatzungszone, jene Lehrkräfte ersetzen, die aus der Zeit des Nationalsozialismus als belastet gelten. Der rote Backsteinbau hat den Russen vorübergehend als Kaserne gedient und ist in einem heruntergekommenen Zustand zurückgegeben worden. Fenster sind kaputt oder schließen nicht richtig, Türen sind gewaltsam herausgebrochen worden. Der Bauschlosser-Lehrling Erich John baut in der Werkstatt Hunderte Fenster- und Türbeschläge. Mit dem Werkzeugkasten in der Hand zieht er jeden Morgen los, um nach und nach alle Klassenräume wetterfest zu machen. »In meinem dritten Lehrjahr mache ich nichts anderes, als Fenster und Türen zu reparieren. Der Meister nutzt mich als billige Arbeitskraft aus.« Eines verinnerlicht er dabei: mit nur wenig verfügbarem Material brauchbare Dinge zu bauen, zu improvisieren. »Ich lerne, aus Kuhscheiße Honig zu machen.« Unschätzbar wichtig ist diese Fähigkeit in der DDR, das merkt er später immer wieder. Nicht zuletzt beim Bau der Weltzeituhr.

Am schönsten ist es freitags. Da darf er in die Berufsschule in Neukloster. Endlich lernen, endlich zeichnen. In der Berufsschule bilden Erich John und drei weitere Jungs eine feste Clique. »Ich kann gut Freundschaften halten«, meint er. »Freunde zu haben hilft mir in den verschiedensten Situationen.« Von den Schulbänken blicken bald nackte weibliche Schönheiten. Erich John betätigt sich als Anatomiezeichner – zur Freude seiner männlichen Mitschüler und zum Ärger der Berufsschullehrer. Er muss eine Wochenendschicht einlegen, um die Bänke mit einer Klinge abzuziehen und wieder züchtig weiß zu schrubben. Den Ruf eines guten Zeichners aber hat er seitdem weg. Der Rektor der Berufsschule – ein studierter Ingenieur, dem seit dem Krieg ein Arm fehlt – verzeiht ihm. Er hat den Ehrgeiz, aus der Schule eine richtig gute Bildungseinrichtung zu machen, und fördert das Talent des Jugendlichen. Er überträgt ihm die Aufgabe, alle vier Wochen eine neue Wandzeitung zu erstellen. Und er hilft, als der Lehrling in wahrer Not ist.

»Mein Meister ist unendlich knausrig. Er will offensichtlich nicht, dass ich die Gesellenprüfung ablege. Denn ohne könnte er mir weiterhin nur den Lehrlingslohn zahlen. Ich brauche dringend ein Gesellenstück.« Der inzwischen 18-jährige John überlegt. Hat der alte Herr Trost nicht einmal sein eigenes Meisterstück vorgezeigt? »Der Meister hatte es vom Dachboden über der Werkstatt geholt. Sorgsam war es in Ölpapier eingewickelt. Als er es auspackte, herrschte er uns Lehrlinge an, wir sollten gefälligst die Mützen vom Kopf ziehen. So standen wir dann ehrfürchtig vor einem Türschloss.« Die bizarre Szene hat Erich John nicht vergessen. Er geht heimlich an die Truhe über der Werkstatt, schnappt sich jenes Schloss und verschwindet damit in der Berufsschule. Im Rektorenbüro steht eine Zeichenmaschine, eine wertvolle Anschaffung für die damalige Zeit. »Daran lässt mich der Rektor erstmals arbeiten. Ich baue das Schloss vorsichtig auseinander und zeichne jedes einzelne Teil ab. So etwas habe ich zuvor noch nie gemacht. Aber der Rektor gibt mir Tipps.« Diese Zeichenstunde wird Folgen haben: Fast zwanzig Jahre später konstruiert Erich John mit genau so einer Zeichenmaschine seine Weltzeituhr.

Mit den technischen Zeichnungen in der Tasche eilt er zum Obermeister in Wismar. Der knallt einen Stempel darunter und seine Unterschrift. Geschafft. Das Schloss liegt wieder ordentlich zusammengebaut und in Ölpapier gewickelt in der Truhe, der Lehrling klingelt am Sonntagvormittag beim Meister. Der schnaubt vor Wut. »Wo warst die ganze Woche? Du hast gefehlt – unentschuldigt!« Erich John entgegnet ungerührt: »Ich habe mein Gesellenstück gezeichnet.« Herr Trost ist skeptisch. »Na, dann zeig mal her!« Dass es sein eigenes Meisterstück ist, erkennt er glücklicherweise nicht. Clever hat der Lehrling ein entscheidendes Bauteil, den Nachtriegel, ausgespart. Der Meister poltert trotzdem los: »Das können wir doch gar nicht herstellen! Dafür haben wir kein Material. Ich helfe dir nicht. Du hast eine Woche Zeit zum Bauen!« Erich John wird angst und bange. »Türschlösser hatte ich repariert und Schlüssel gefeilt – aber doch kein ganzes Schloss gebaut.« Auf dem Hof klaubt er brauchbares Material zusammen. »Mit dem Riegel habe ich angefangen«, entsinnt er sich, »das weiß ich noch wie heute.« Am ersten Tag arbeitet er nicht wie üblich bis fünf Uhr, sondern bis spät in die Nacht hinein. Der Meister würdigt ihn keines Blickes. Am zweiten Tag genauso. Abends taucht der Alte plötzlich in der Werkstatt auf und brummt: »Nun geh mal nach Hause.« Am dritten Morgen inspiziert er erstmals die Arbeit seines Lehrlings. Erich John ist in Not: »Ich brauche Federn für das Schloss, damit es auf- und zuschnappt. Aber wie so eine Feder hergestellt wird, habe ich nie gelernt.« Überraschenderweise nimmt der knurrige Meister ein Stück Rundeisen und schlägt es kalt mit einem großen Hammer flach. Das so verdichtete Metall wird anschließend über einen Vierkant eingespannt und immer weiter gebogen – bis eine Feder entsteht. Der Meister beherrscht jeden Arbeitsschritt, führt aber selten einen vor. »Seiner Frau tun wir Lehrlinge leid. Sie

Schon als Lehrling lernt John (rechts, mit Jürgen Peters in der Fachhochschule Wismar) das Schweißen

bringt uns öfter mal einen Apfel oder beruhigt uns: ›Ihr dürft ihn nicht so ernst nehmen. Der will aus euch nur anständige Handwerker machen.‹«

Am Sonnabend ist das Türschloss fertig geschliffen und poliert. Erich John hat eine Woche lang durchgearbeitet und kaum geschlafen. Doch er gewöhnt es sich an, so eisern ein Ziel zu verfolgen. Er weiß jetzt: Solche Stresssituationen steht er durch. Auf seinem Gesellenzeugnis der Handwerkskammer Wismar steht 1950 eine glatte Zwei. »Auf einmal ist der Meister richtig stolz. Kaum einer seiner Lehrlinge hatte bei ihm bis zur Prüfung durchgehalten.« Doch die Knausrigkeit von Paul Trost führt zum Bruch zwischen den beiden. Dem frischgebackenen Gesellen will er noch drei weitere Monate lang nur den Lehrlingslohn zahlen, weil der die Lehre verspätet angefangen hat. Doch der an Selbstbewusstsein gestärkte 18-Jährige hat die Nase endgültig voll von den Demütigungen. Nach einem lautstarken Streit geht er. Eine gute Beurteilung erhält er trotzdem. Der Meister bereut allerdings zu spät, dass er den fleißigen jungen Mann hat ziehen lassen. Erich John kehrt nie wieder in diese Bauschlosserei zurück. Er hat nun einen richtigen Beruf erlernt. Doch was fängt er damit an?

Ratlos trotz Berufsausbildung

Die Deutsche Demokratische Republik gibt es seit einem halben Jahr. Sie ist am 7. Oktober 1949 in dem von der Sowjetunion kontrollierten Teil Deutschlands gegründet worden. Auf dem Gebiet der drei westlichen Besatzungsmächte war zuvor, am 23. Mai 1949, die Bundesrepublik Deutschland konstituiert worden. Hier wirkt bereits der Marshallplan der USA. Der wirtschaftliche Aufschwung beginnt.

Auch in der DDR herrscht Aufbruchstimmung. Allerdings werden Bauschlosser nicht überall gesucht. Das Arbeitsamt Wismar schickt Erich John nach Aue in Sachsen. Mehrere Zehntausend Arbeiter werden dort für den Uranbergbau benötigt. Aus dem Erzgebirge lässt die Sowjetunion als Teil der Reparationszahlungen Uranerze abtransportieren – für die eigene Atomindustrie. Die Behörden rekrutieren aus allen Teilen der DDR Facharbeiter für die Zentrale des Bergbauunternehmens Wismut in Aue. »Ich werde also zum Arzt geschickt und für tauglich befunden. Da wird es ernst. In den Uranbergbau gehe ich niemals! Eher haue ich ab in den Westen, drohe ich nachdrücklich.« Beim Arbeitsamtschef spricht er persönlich vor. »Die können Sie nicht zwingen«, meint der schließlich und schickt den jungen Mann in eine andere DDR-typische Einrichtung jener Zeit: in eine MAS, eine Maschinen-Ausleih-Station. Dort leihen Bauern, insbesondere Neubauern, landwirtschaftliche Maschinen für die eigene Feldarbeit aus. Den Grundstock bilden die Gerätschaften der Großgrundbesitzer, die 1945 enteignet worden sind. Damit der Gemeinschaftsbesitz lange Bestand hat, muss jemand all die Traktoren, Pflüge oder Mähmaschinen warten und reparieren. Der Bauschlosser arbeitet sich schnell ein. »Das macht mir richtig Spaß. Wenn Not am Mann ist, setze ich mich selbst auf den Traktor und pflüge das Feld.«

Erich John engagiert sich in der FDJ, der Freien Deutschen Jugend. In die ist er eingetreten, weil der Verband in Neukloster Tanzveranstaltungen ausrichtet – wer in den Saal will, muss Mitglied der Jugendorganisation werden. Er legt sein Abzeichen »Für gutes Wissen« in Silber ab, offiziell wird ihm damit bescheinigt, Grundkenntnisse im Marxismus-Leninismus nachgewiesen zu haben. Das Abzeichen ist für die eigene Vita oft nützlich. Der Sommer 1950 zieht fröhlich dahin.

Ganz unerwartet findet seine MAS-Tätigkeit ein jähes Ende. Die Ausleih-Station soll vergrößert werden und lässt Baumaterial anliefern. »Auf dem Bahnhof soll ich helfen, ungelöschten Kalk aus Güterwagen auszuladen. Ohne Schutzkleidung und ohne Mundschutz. Am Abend bin ich todkrank. Der Kalk hat mir die Atemwege verätzt.« Fieber, Rippenfellentzündung, vier Wochen Bettruhe. Im September verbieten ihm die Ärzte, weiterhin mit dem Fahrrad sechs Kilometer zur Arbeit zu fahren. »Die MAS hat ein furchtbar schlechtes Gewissen, weil sie uns ohne Schutz hat arbeiten lassen. Sie stellt mir ein sehr gutes Zeugnis aus. Nur leider stehe ich schon wieder ohne Perspektive da.«

In seiner Verzweiflung sucht Erich John seinen früheren Förderer aus der Berufsschule auf. Der Rektor hat zwar kein Jobangebot, aber gute Beziehungen – und vor allem eine hervorragende Idee: »Wir haben vor vier Wochen so einen Brief gekriegt ...«, meint er und zeigt dem jungen Mann ein Blatt Papier. »In Wismar machen sie eine neue Schule auf: die Arbeitsschule für Güte und Form. Da sollen wir junge Facharbeiter hinschicken, die künstlerisch begabt sind. Na los, bewirb dich!« Doch was bedeutet »künstlerisch begabt«? Erich John ist mutlos. »Ich hatte bereits bei der Ingenieurschule angefragt. Dort lachte man mich aus, da ich nur sechs Jahre Schulbildung genossen habe. In der Bewerbung hatte ich Maschine mit ›ie‹ geschrieben. Rechtschreibung war damals eine Schwäche von mir.« Als Anlaufstellen bleiben jetzt noch die Wismarer Werft, wo er sich als Umschüler zum technischen Zeichner bewerben könnte, und die neu gegründete Arbeitsschule für Güte und Form übrig. Der 18-Jährige packt die Zeichnungen zusammen, die er während seiner Lungenerkrankung aus Langeweile aufs Papier gebracht hat, und fährt nach Wismar. »Gehe ich zuerst zur Werft oder zu dieser Arbeitsschule?«, fragt er sich. Statt einer Münze entscheidet der Standort über die Zukunft des jungen Mannes – die Arbeitsschule befindet sich näher am Bahnhof. Unsicher und voller Respekt steht er vor dem Eingang. Junge Leute eilen ein und aus, sie tragen Baskenmütze und Schal wie damals die Studenten. »Ich habe nichts zu verlieren«, sagt er sich und betritt mit seiner DIN-A4-Mappe unter dem Arm die Schule. »Hier kennt mich ja keiner.« Manchmal ist es nur ein Moment, in dem sich die Weichen für das Leben stellen.

John wird in einen leeren Hörsaal mit Holzklappstühlen und einer großen Klapptafel gesetzt und muss warten. Der Rektor gibt gerade einen Zeichenkurs. Endlich geht die Tür auf. Ein Mann kommt herein, Cordanzug, kariertes Hemd, grauer Bart, offensichtlich ein Künstler. Es ist Professor Werner Laux, ein Maler. »Er fragt, was ich gelernt habe, wer meine Eltern sind, woher ich komme und ob ich etwas mitgebracht habe.« Der Professor legt die Zeichnungen vor sich auf den Tisch, betrachtet sie und liest das Empfehlungsschreiben der Berufsschule. »Nach etwa zehn Minuten fragt er: ›Wollen Sie wirklich und ernsthaft studieren?‹ Ich antworte prompt mit einem ›Ja!‹. ›Na, dann kommen Sie mal mit. Sie müssen die Aufnahmeprüfungen nachholen. Aber wie ich sehe, wird Ihnen das nicht schwerfallen. Sie reichen noch ein paar Unterlagen ein, und dann können Sie hier anfangen.‹« Erich John kann heute noch immer nicht beschreiben, welch großartiges Gefühl ihn damals durchflutete. Er, der keinen ordentlichen Schulabschluss vorweisen kann, keine Zukunftsperspektive vor Augen hat, ist plötzlich Student!

Eine ungewöhnliche berufliche Karriere nimmt ihren Anfang. Wäre diese Entwicklung auch im Westen Deutschlands möglich gewesen? Diese Frage stellt sich Erich John Jahrzehnte später. Er weiß viel Kritik an der DDR zu üben. Aber dass er eine solche Bildungschance erhielt, lässt ihn zeitlebens dankbar sein.

Plötzlich öffnet sich das Paradies

Gerade in den Anfangsjahren der DDR bedeutet die Gründung einer neuen Fachschule, dass auch die Studenten maßgeblich am Aufbau beteiligt sind. Die Arbeitsschule für Güte und Form ist in der ehemaligen Schiffercompagnie untergebracht, Kleine Hohe Straße 14, inmitten des Wismarer Hafenviertels. Leider ist das historische Gebäude mittlerweile verschwunden, es brannte in den 1980er-Jahren ab. An seiner Stelle steht heute ein Mehrfamilienhaus. 1950 befinden sich in der Schiffercompagnie der Hörsaal und einige der Seminarräume sowie Teile des Internats. Oben wohnen die Frauen, unten die Männer. Erich John zieht in ein Studentenzimmer mit fünf Kommilitonen und drei Doppelstockbetten ein – wenig komfortabel, trotzdem akzeptabel.

Für die Vormittage ist der theoretische Unterricht anberaumt. Zunächst erhalten die Studenten, die aus verschiedenen Betrieben kommen, einen Schub an Allgemeinbildung. Grundlegende ästhetische Erziehung wird parallel dazu vermittelt. Am Nachmittag ackern sie für den Aufbau der einzelnen Lehrabteilungen. So wie Erich John, der von Beruf Bauschlosser ist, bringt fast jeder der Studenten spezielle handwerkliche Fertigkeiten mit. John empfindet das Studentenleben als große Freiheit. »Plötzlich öffnet sich mir das Paradies. Und ich schwöre mir: Wenn du diese Chance jetzt nicht packst, dann hol dich der Teufel!« Er will malen, malen und nochmals malen. Die Arbeitsschule, die Ende 1950 in Fachschule für angewandte Kunst umbenannt wird, bildet unter anderem auch Kunstmaler aus, Erich Johns Traumberuf. Aber der Bedarf an Kunstmalern ist in der DDR nicht besonders groß. Der Schule geht es daher vielmehr um Fachrichtungen, die in dem jungen Staat gebraucht werden: Möbelbauer, Bildhauer, Textilgestalter, Grafiker, Modegestalter, Kunstschmiede, Keramiker oder Innenraumgestalter. Die Studenten sollen nach ihrem Abschluss in den sozialistischen Betrieben helfen, die Erzeugnisse ansprechender zu gestalten.

Die Werft in Wismar stellt der Bildungseinrichtung zusätzliche Räumlichkeiten zur Verfügung. In die bauen die Studenten unter anderem eine Kunstschmiedewerkstatt ein. Inzwischen ist Erich John in der Abteilung Metallgestaltung gelandet. Kunstschmiedearbeiten sind begehrt, in Wismar genauso wie in Berlin, werden sie doch zum Beispiel für die Balkons in der Stalinallee, der heutigen Karl-Marx-Allee, gebraucht. 1952 absolviert er ein Praktikum bei dem renommierten Kunstschmied Fritz Kühn in Berlin-Grünau. Der Student ist hochmotiviert. In den Ferien kann er es kaum abwarten, endlich weiterstudieren zu dürfen. An der Fachschule lernt er Brigitta-Maria kennen, eine Grafikstudentin. Sie ist – genau wie er – mit den Eltern aus der alten Heimat vertrieben worden. Dieses Schicksal verbindet die beiden. Sie helfen sich gegenseitig, lernen gemeinsam, werfen ihre Lebensmittelkarten zusammen und teilen das wenige, das sie haben. Bald werden sie ein Paar.

Als die Werft die Gebäude wieder für sich beansprucht, zieht die Fachschule für angewandte Kunst 1953 ins Ostseebad Heiligendamm um. Dort steht ein ehemaliges Erholungsheim für Kinder leer. Die Studenten schuften erneut für den Wiederaufbau ihrer Bildungseinrichtung. Nur im dritten und damit letzten Studienjahr sind sie aufgrund der Prüfungen von der Arbeit befreit. Erich John macht im Juni 1953 in Heiligendamm seinen Abschluss als Kunstschmied und besteht die Tests »mit gutem Erfolg«. Das Zeugnis in der Tasche bedeutet für ihn: Endlich Hochschulreife!

Weißenseer Aussichten

Zur rechten Zeit eröffnet sich für Erich John die nächste Perspektive. Sein Fachschulrektor Werner Laux ist bereits als Rektor an die Hochschule für bildende und angewandte Kunst Berlin-Weißensee gewechselt. Aus dem ersten Jahrgang in Wismar und später Heiligendamm zieht es eine Reihe von Absolventen ebenfalls nach

Berlin. Hier soll im Wintersemester 1953 eine neue Fachrichtung eröffnen: Formgestaltung für die Industrie. Was genau das sein soll, weiß niemand so richtig. Egal, Erich John bewirbt sich. Es gibt eine Aufnahmeprüfung und strenge Befragungen, insbesondere nach Haltung und politischer Gesinnung. Die Hochschule Weißensee hat den 17. Juni 1953 nur mit Blessuren überstanden. Die Streiks auf Ost-Berliner Baustellen gegen zu hohe Arbeitsnormen, die sich zu DDR-weiten Protesten gegen SED-Politik, Staatssicherheit und politische Inhaftierungen ausgeweitet hatten, sind von sowjetischen Panzern gewaltsam beendet worden. An der Hochschule Weißensee hat es ebenfalls rumort. Nun fehlen Studenten, Dozenten und Professoren. Teils sind sie von allein in den Westen ausgewandert, teils sind sie exmatrikuliert oder entlassen worden. Im Ostseebad Heiligendamm haben Studenten wie Erich John vom Volksaufstand nur im Radio gehört, die Geschehnisse schienen weit weg zu sein. Doch in Berlin spüren alle die angespannte Stimmung.

Student John in Wismar auf dem Internatsdach

John besteht die Aufnahmeprüfung, genau wie fünf weitere Kommilitonen aus der Fachschule in Heiligendamm. Sie sind die Allerersten überhaupt, die in der noch jungen DDR Formgestaltung studieren. Zum Wintersemester 1953 zieht John von Mecklenburg nach Ost-Berlin. Berlin ist nach dem Ende des Zweiten Weltkriegs von den vier Besatzungsmächten in Sektoren aufgeteilt worden, der westliche Teil Berlins unterliegt den Militärverwaltungen Großbritanniens, Frankreichs und der USA, der östliche Teil steht unter sowjetischer Verwaltung. Auch wenn in Ost- und West-Berlin unterschiedliche politische Systeme und Währungen existieren, so sind die Sektorengrenzen doch noch durchlässig. Erich John gelangt mühelos vom sowjetischen in den amerikanischen, den britischen und den französischen Sektor. Ganz Berlin steht ihm für seine ausgedehnten Streifzüge offen. Er will alles wissen, alles mit eigenen Augen sehen, geht ins Kino und besucht Ausstellungen. Er studiert die Architektur von Walter Gropius, und Ludwig Mies van der Rohe wird zu seinem großen Idol. Der Architekt war der letzte Direktor des Bauhauses gewesen, er hatte die Schule, die 1932 von Dessau nach Berlin umziehen musste, bis zu ihrer von den Nationalsozialisten erzwungenen Selbstauflösung im Jahr 1933 geleitet. »Mies van der Rohes ästhetische Perfektion fasziniert mich«, schwärmt John. »Er hat die Mittel so weit reduziert, so klar und eindeutig gestaltet, dass das Ergebnis ein ästhetisches Optimum darstellt.«

Wohnen im Schaufenster

Nach seiner Ankunft in Berlin übernachtet Erich John zunächst wie seine Kommilitonen auf Matratzen unter dem Dach der Weißenseer Hochschule. Bald bezieht er mit einem Studienfreund ein kleines Zimmer zur Untermiete. Wohnraum ist knapp. Seine Freundin Brigitta-Maria will zu ihm nach Berlin. Das ist schwierig zu jener Zeit. Die Zuzugsgenehmigung, die sie für einen Nachzug in die DDR-Hauptstadt braucht, wird ihr verweigert, und somit erhält sie auch keine Arbeitserlaubnis. Nach einem Jahr zieht sie trotzdem nach Berlin, illegal. Sie verdingt sich als freie Grafikerin. Die beiden heiraten.

Doch Wohnungen sind weiterhin Mangelware. In den 1950er-Jahren darf man nicht wählerisch sein. Schließlich gründen Erich und Brigitta-Maria John zusammen mit einem befreundeten Paar eine Wohngemeinschaft und besetzen dafür eine leerstehende ehemalige Wäscherei im Ost-Berliner Stadtteil Prenzlauer Berg. Zahlreiche Studenten suchen sich in den Läden der heruntergekommenen Straßenzüge eine Unterkunft. Verwaiste Gewerbeflächen gibt es zuhauf, denn private Läden machen im Osten reihenweise dicht, weil staatliche Stellen den Geschäftsinhabern das Leben schwer machen. Indem diese etwa weniger Verkaufswaren erhalten, werden sie geradezu vergrault, etliche Besitzer privater Läden waren aufgrund mangelnder Perspektive schon in den Westen geflohen. Die Versorgung der Bevölkerung übernehmen jetzt überwiegend die Handelsorganisation HO und die Handelsgenossenschaft Konsum.

Für die provisorische Behausung in der alten Wäscherei bezahlen die Studenten brav Miete an die Stadt. »Trotzdem ist alles ein Kompromiss. Die großen Schaufenster kleben wir zur Hälfte zu, damit uns nicht jeder reingucken kann.« Erich John hat einen Kanonenofen eingebaut, der ordentlich befeuert wird. Doch die einfachverglasten Fenster schaffen es nicht, die Kälte draußen zu halten. »Im Winter ist es eiskalt. Die Innentemperatur steigt kaum über 15 Grad. Als meine Frau hochschwanger ist, kann sie nicht länger hier wohnen bleiben.« Brigitta-Maria kehrt vorläufig zurück zu ihren Eltern nach Vorpommern. Dort wird 1956 der gemeinsame Sohn Jörn-Uwe geboren. Der Prenzlauer Berg ist damals alles andere als kinderfreundlich. Selbst die zweite Behausung, die Erich John bezieht, diesmal in der Winsstraße, ist nur eine alte Wäscherei mit Außenklo. »In Berlin grassiert die Kinderlähmung, in der Nachbarschaft ist ein Kind daran gestorben. Es gibt zudem keine Krippenplätze«, erzählt Brigitta-Maria John. Schweren Herzens beschließen die jungen Eltern, ihren Sohn erst einmal in der heileren Welt der vorpommerschen Kleinstadt Gützkow zu lassen. Er wächst bis zu seiner Einschulung bei Oma und Opa auf. Die Mutter reist jedes Wochenende zu ihm, der Vater sooft er kann. Das Leben in den 1950er- und 1960er-Jahren ist hart. Zwar können nach und nach die Lebensmittelkarten abgeschafft werden, doch der Lebensstandard bleibt niedrig. Wie hungrig der Mangel macht, zeigt folgende Anekdote: »Als ich zum ersten Mal an einem Imbiss ohne Lebensmittelkarte einkaufen durfte«, erzählt Erich John mit großem Vergnügen, „habe ich vier Bockwürste auf einmal gegessen."

Preiswürdige Undine

Im Herbst 1953 kann Erich John sein Studium an der Hochschule für bildende und angewandte Kunst Berlin-Weißensee aufnehmen. Die Neuankömmlinge im ersten Studienjahr setzen sich zunächst mit ästhetischen Grundlagen auseinander und lernen viel über Farbenlehre, Grafik, Plastik und alle anderen Elemente. Zusammen mit den Architekturstudenten belegt Erich John Fächer wie Mathematik oder analytische Geometrie. Er muss büffeln, um überall mitzuhalten, doch die Kommilitonen unterstützen sich gegenseitig.

Der Studiengang will Formgestalter ausbilden, keine Designer – zwischen diesen zwei Disziplinen gibt es eine scharfe Abgrenzung. Bei der Formgestaltung stehen nicht schnelllebige Moden oder perfekte Erscheinungsformen im Vordergrund, es geht vielmehr darum, die Konsumgüter und Industrieanlagen in der DDR gebrauchsfähiger zu machen. Wichtig sind vor allem Funktionalität, Zeitlosigkeit und Langlebigkeit. Das Land ist ausgeblutet durch die Kriegszerstörungen und die Reparationszahlungen an die Sowjetunion. Maschinen bis hin zu kompletten Industrieanlagen sind demontiert und abtransportiert worden. Neue Anlagen müssen aufgebaut werden. Um den Wettlauf mit dem Westen nicht zu verlieren, will die DDR schnell exportfähig werden.

In der Hochschule Weißensee sind besonders zwei Personen für Erich John prägend. Professor Ernst-Rudolf Vogenauer, Grafiker, Illustrator und Maler, fördert

Von der Studienarbeit zum Massenartikel: Für die Undine II erhält John seinen ersten Designpreis

seine künstlerische Ader. Sein Mentor aber ist Rudi Högner, Textil-, Möbel- und Münzgestalter. »Högner kennt sich unter anderem mit dem französischen Art déco aus, einer Parallelentwicklung zum Bauhaus. Er schleift uns Studenten bis auf die Knochen.« Ihm bleibt John im Laufe der nächsten Jahrzehnte beruflich eng verbunden. »Ich lerne viel von ihm. Sogar, wie ich meine eigene Wohnung einrichte.« Denn Rudi Högner lebt seine Ästhetik. »Seine Wohnung ist stilistisch durchgestaltet«, stellt John bei einem privaten Besuch bei seinem Mentor fest. »Auf dem Sofa liegen farblich aufeinander abgestimmte Kissen. In der Mitte des Zimmers steht ein großer schwarzer Flügel. Darauf steht eine mächtige Vase.« Als Högner kurz das Zimmer verlässt, erlauben sich John und ein Kollege einen Spaß und testen den Professor. »Wir verschieben die Vase auf dem Flügel ein wenig. Högner kommt wieder herein, setzt das Gespräch fort, blickt auf die Vase und stellt sie zurück an ihren ursprünglichen Ort. Bei ihm hat alles seinen ästhetisch begründeten Platz. Ich habe ihm viel zu verdanken.« Rudi Högner kam von der Hochschule für Bildende Künste Dresden nach Berlin-Weißensee, wo er als Dozent beginnt und später zum Professor für industrielle Formgestaltung berufen wird. Neben Möbeln und Industrieobjekten entwirft er auch Münzen: Auf sein Konto geht etwa die Gestaltung des Aluminium-Geldes der DDR – vom Pfennig bis zum Zweimarkstück – und der Goldmedaille der Leipziger Messe.

Welche Fähigkeiten brauchen eigentlich die künftigen Formgestalter? 1953 ist die Vermittlung dieser Disziplin so neu, dass Rudi Högner sie von Grund auf entwickeln muss. An keiner deutschen Hochschule findet er dafür Vorbilder. Üblicherweise entwirft man Möbel, Geschirr oder Bekleidung. Aber benötigen Küchenutensilien, elektrische Geräte oder Industriemaschinen nicht auch ein Design? Sie brauchen eine ausgeklügelte Bauweise und ein durchdachtes Äußeres. Technik soll ja nicht nur funktionieren. Sie soll praktisch und leicht handhabbar sein und obendrein gut aussehen. Högner will die Konstrukteure von morgen fit machen für die Industrie. Eine Ausbildung im Elfenbeinturm genügt ihm nicht. Um technisches Wissen und ästhetische Gestaltung auf einen Nenner bringen zu können, müssen die Studenten an die reale Werkbank. Högner baut Kontakte zur Industrie auf, arbeitet mit Werksleitern und Konstruktionsabteilungen zusammen. Ab dem zweiten Studienjahr beauftragt er seine vier Formgestalter-Studenten – mehr haben sich aus dem ersten Jahrgang nicht durchgebissen –, selbst ein Produkt zu entwerfen.

Erich John wird in den volkseigenen Betrieb Elektro-Apparate-Werke Treptow, kurz VEB EAW, geschickt, um sich das Radio Undine vorzunehmen. Marktfähiger als der Vorgänger soll es werden. Die Röhrenradios von damals sind sogenannte Tonmöbel. »Ein Radio ist bis dato stets wie eine Opernbühne aufgebaut«, erzählt Erich John. »Die Rückseite ist bestenfalls provisorisch mit Pappe verschlossen oder die Röhren und Kabel liegen ganz frei. Deshalb stehen Radios immer mit dem Rücken zur Wand. Das will ich ändern. Ich gebe dem Radio eine ästhetische hölzerne Rückwand, damit es auch im freien Raum stehen kann.« Erstaunlich, dass darauf vorher niemand gekommen ist. Außerdem verwendet John als Baumaterial nicht ausschließlich Holz, sondern bezieht einen neuartigen Werkstoff mit ein: Plastik. Die Anzeigenleiste ist besser lesbar, der Look moderner.

Die EAW-Super 8176 EL Undine II – so die offizielle Bezeichnung des Radios –

kommt groß raus. In den nächsten Jahren wird der Empfänger zigtausendmal gebaut, trotz seines stolzen Preises von 760 Mark. »Eigentlich ist das Radio Undine II nur meine Studienarbeit. Es wird 1956 in Karl-Marx-Stadt beim Fest junger Künstler ausgestellt. Dort präsentieren die Kunsthochschulen ihre Ergebnisse. Ich werde für die Undine ausgezeichnet.« Dem Berliner Studenten wird – so steht es etwas gestelzt in der Urkunde des Ministeriums für Kultur – »für hervorragende Leistungen auf dem Gebiet der Industriellen Formgestaltung als Auszeichnung ein Sonderpreis verliehen«. Es ist der erste in einer ganzen Reihe von Designpreisen, die er im Laufe seines Lebens erhalten wird. Erich John ist offensichtlich auf dem richtigen Weg.

Am Ende des vierten Studienjahrs wird es technisch herausfordernder. John absolviert ein Praktikum beim VEB Transformatoren- und Röntgenwerk in Dresden, das unter anderem Medizintechnik produziert. Er arbeitet dort an einem Ultraschall-Massagegerät, einem Kurzwellengerät für die Röntgentechnik. »Das ist hoch spezialisiert und für den Export geeignet. Für mich ein gutes Aushängeschild. Meine Diplomarbeit wird viele Jahre lang produziert.« Sein fünfjähriges Studium in Weißensee beendet er 1958 mit der Note »sehr gut«. Nun ist er offiziell Industrieformgestalter und gehört damit zur ersten Generation dieser in der DDR ausgebildeten Berufsgruppe.

Bauhaus kontra Blumenranke

»Ich lande beim Institut für angewandte Kunst in Berlin-Mitte. Dort werde ich künstlerischer Mitarbeiter, zusammen mit meinem Studienfreund Jürgen Peters, ebenfalls Formgestalter-Absolvent.« Fürs Erste ist das ein guter Einstieg in die Branche. Ursprünglich als Teil der Hochschule Weißensee 1950 gegründet, ist das Institut nach zwei Jahren eigenständig und schließlich dem DDR-Kulturministerium unterstellt worden. Als 1958 die ersten Formgestalter für Einsätze in der Industrie bereitstehen, wird an der Einrichtung eilig der Bereich Formgestaltung ins Leben gerufen. Leiter wird Albert Buske. »Wir Hochschulabsolventen, Peters und ich, sind seine Feuerwehrmänner fürs Produktdesign«, sagt John lachend. »Er schickt uns quer durchs Land in die Betriebe, die keine eigenen Formgestalter beschäftigen, was die Regel ist.« Gemeinsam tüfteln sie an einer Rotlichtlampe, die Kindern

Begehrt: Rotlichtlampe aus Hohen Neuendorf

Modernes Design: Modell der Erika-Schreibmaschine von Erich John und Jürgen Peters

und Erwachsenen bei Ohrenschmerzen hilft – nicht nur in der DDR, denn die Lampe geht sogar in den Export. Im Duo arbeiten sie außerdem Ende der 1950er-Jahre an einem neuen Gehäuse für die Schreibmaschine Erika.

Doch die Beschäftigung beim Institut für angewandte Kunst erweist sich für Erich John bald als nicht unproblematisch, denn mit diesem Institut will die DDR – möglichst zentralistisch – das Kunsthandwerk fördern. Der Formgestalter hingegen möchte die Bauhaus-Idee fortführen. Albert Buske weiß er an seiner Seite. Der war einer der letzten Studenten am Bauhaus in Berlin, wenngleich er durch die von den Nationalsozialisten erzwungene Schließung der renommierten Kunst- und Designschule im Jahr 1933 ohne Abschluss blieb. Doch Bauhaus ist in der DDR nicht erwünscht. Auch im Institut zeigt die sogenannte Formalismusdebatte ihre Auswirkungen. Als formalistisch gilt abstrakte Kunst, und die schreibt man hier dem bürgerlichen Kapitalismus, dem westlich-dekadenten Kunstbetrieb zu. Selbst die Ideen des Bauhauses werden als formalistisch abgetan. Im Gegenzug propagieren die DDR-Kulturfunktionäre den von der Sowjetunion ausgehenden Sozialistischen Realismus. Diese ideologisch begründete Stilrichtung forciert die reale Abbildung der Wirklichkeit und wehrt sich vehement gegen Abstraktes.

Erich John erklärt den Konflikt, der im Formalismusstreit ausgetragen wird, wie folgt: »DDR-Funktionäre akzeptieren nur solche Kunst, die jeder, auch der künstlerisch weniger Gebildete, auf den ersten Blick versteht: Volkstümliches, Gegenständliches. Keine abstrakten Muster, stattdessen Blumenranken. Das Kunsthandwerk im Sinne der stalinistischen Kulturpolitik finde ich einfach schrecklich. In West-Berlin habe ich auf der Internationalen Bauausstellung 1957 Erzeugnisse des westdeutschen Elektrogeräteherstellers Braun gesehen. Das ist Design! Das begeistert mich!« John will Neues schaffen, funktional und geradlinig. Und er tritt so rebellisch auf, dass ihn das Institut eigentlich so schnell wie möglich wieder loswerden will.

Heißes Eisen in Karl-Marx-Stadt

1959 wird Erich John »wegdelegiert« – nach Karl-Marx-Stadt, das heute wieder Chemnitz heißt. Ehefrau Brigitta-Maria geht mit und arbeitet freiberuflich als Grafikerin. Wohnungen sind auch in Sachsen knapp. Das Paar wohnt zur Untermiete. Eine vornehme ältere Dame überlässt ihnen ein etwas angestaubtes Gründerzeitzimmer im Gelsenkirchener Barock. Küche und Bad werden gemeinschaftlich genutzt. Man arrangiert sich.

Erich Johns Arbeitsplatz ist alles andere als luxuriös: eine finstere Baracke im Hof. Damit man überhaupt etwas sehen kann, leuchten den ganzen Tag die Neonröhren. Johns Auftrag ist ein heißes Eisen, an dem er sich schnell die Finger verbrennt. Er arbeitet für den VEB ZEK des VVB EBM. Klingt kryptisch! Die DDR liebt Akronyme. Manche mutieren zu gängigen Formeln wie VEB (Volkseigener Betrieb), andere sind nur Insidern bekannt: ZEK bedeutet Zentrales Entwicklungs- und Konstruktionsbüro, VVB heißt Vereinigung Volkseigener Betriebe, die drei Buchstaben EBM stehen für Eisen-, Blech-, Metallwaren – oder, wie böse Zungen behaupten, für Eimer, Büchsen, Mausefallen.

Der Formgestalter soll für die gesamte Metallindustrie der DDR ein Gestaltungsatelier einrichten. Will ein Betrieb ein neues Produkt auf den Markt bringen, sollen die Ingenieure in Karl-Marx-Stadt Anleitung bei der passenden Gestaltung erhalten. Die ansprechende Optik der Serienprodukte soll den Export in den Westen ankurbeln. So weit die Absicht. Der Generaldirektor des VVB EBM, Thielegard Halbauer, hat diese Idee verinnerlicht. »Er hat den Ehrgeiz, die Produktion komplett umzumodeln und den ganzen alten, nicht mehr konkurrenzfähigen Mist aus den Betrieben rauszuschmeißen«, erinnert sich Erich John. »Denn Halbauer glaubt fest daran, dass sich ein gut funktionierendes Produkt, das leicht herzustellen und langlebig ist und obendrein schön aussieht, besser verkaufen lässt. Der Generaldirektor fördert mich.« Bei anderen Direktoren beißt sich John erst einmal die Zähne aus.

»Ich habe das geradlinige, schnörkellose Bauhaus im Kopf. Doch die meisten Betriebsleiter der Metallindustrie sind kleinbürgerlich eingestellt und mit dem, was der Generaldirektor da fordert, überhaupt nicht einverstanden.« Schon bald nach Johns Arbeitsantritt tagen alle Direktoren im berühmten Weimarer Traditionshotel »Elephant«. »Ich reise zusammen mit Generaldirektor Halbauer in dessen Dienstwagen an, da fordert er mich auf, vor allen Anwesenden einen Vortrag über Formgestaltung zu halten. Das kann nur schiefgehen, denke ich. Mit Herzklopfen erläutere ich meine Ansichten. In der anschließenden Diskussion nehmen mich die Direktoren wie erwartet auseinander. Dieses würde nicht gehen und jenes nicht. Und: Das haben wir schon immer so gemacht. Man kennt das ja ... Das ist meine erste gro-

Von John entworfenes Besteckset

ße Niederlage, die ich als Designer erlebe.« Erich John lacht. »Aber es geht ja trotzdem weiter.« Und wie! Die Metallindustrie beißt plötzlich an. »Mein erster Auftrag lautet, den neuen Zündschlüssel für den Wartburg zu modellieren. Das mache ich in einem Kraftfahrzeug-Zulieferbetrieb in Döbeln in Sachsen, wo der Wagenschlüssel hergestellt wird. Außerdem wollen die Autobauer in Eisenach, dass ich für sie neue Fensterkurbeln und Haltegriffe entwerfe.« Der Formgestalter fertigt mehrere Modelle an. Die Ingenieure suchen sich eines aus, das dann massenhaft produziert wird. Mit diesem Konzept reist er von Betrieb zu Betrieb.

Nach der Leipziger Herbstmesse, der DDR-Leistungsschau schlechthin, versammelt die Metallindustrie all ihre Erzeugnisse in einer Messehalle. Eine Expertenkommission, zu der auch Erich John gehört, inspiziert und bewertet die Qualität der Produkte. Nichts will man mehr dem Zufall überlassen. Der Zentralismus nimmt seinen Lauf, offiziell mit dem Ziel, dem Volke zu dienen – letztlich aber, um erfolgreicher zu exportieren. Die DDR kämpft um ihr Überleben. Parallel zu den volkseigenen Betrieben existieren private und halbstaatliche Firmen. »Halbstaatlich heißt, der Staat besitzt 51 Prozent des Betriebs«, erläutert John. »Die DDR will sich damit die betriebswirtschaftliche Kontrolle sichern. Ich arbeite sehr gern mit der Privatwirtschaft und den Halbstaatlichen zusammen. Die Firmeninhaber dürfen zwar nicht mehr alles selbst entscheiden, sind in ihrem Handeln aber trotzdem um einiges flexibler als die schwerfälligen volkseigenen Betriebe.« Die Entwürfe gehen einfach schneller in die Produktion. Die alteingesessene private Firma Richard Köberlin in Döbeln beispielsweise stellt Besteck her – aus echtem Silber! Allerdings nicht für die Arbeiter und Bauern im eigenen Land. »Das Besteck entwerfe ich für die Schweiz, es geht nach der Produktion direkt über die Grenze. Exportware steht hoch im Kurs. Denn die DDR braucht dringend Devisen.«

Partymix bis Australien

Wer im Osten Deutschlands zwischen 1960 und 1989 jemals in einem Eiscafé saß, dem sind bestimmt die Eisbecher von Erich John begegnet. Diese waren allgegenwärtig. In den Nachlässen ostdeutscher Lokale oder bei Sammlern von DDR-Produkten findet man sie heute noch. Die inzwischen oft abgeschabten Becher werden für 5 oder 6 Euro gehandelt. Die Eisschale aus eloxiertem Aluminium mit dem charakteristischen kegelförmigen Fuß gibt es in verschiedenen Farben: Silber, Gold, Rot, Blau, Braun, Rosa. Aus der gleichen Serie stammen schlanke, 17 Zentimeter hohe Eispokale. Damit sie stabiler stehen, steckt in ihrem Fuß ein wenig Sand zum Beschweren.

Die Eisbecher entwirft Erich John für die Firma Sonnau Metallwarenfabrik P. Hans Aurich KG. Das halbstaatliche Unternehmen mit Sitz in Karl-Marx-Stadt ist mit den neuen Bechern Anfang der 1960er-Jahre so erfolgreich auf dem Markt, dass Inhaber Hans Aurich noch mehr Produkte von John möchte und einen Cocktailshaker bei ihm bestellt. »Gut«, denkt sich der Formgestalter, »Cocktails habe ich schon getrunken. Aber was man benötigt, um sie zu mixen, davon habe ich keine Ahnung.« Also geht er an die Bar. So macht er es immer. Nicht, dass er trinkt! Er guckt sich nur stets genau an, was der Mensch braucht. Im vornehmen Hotel »Chemnitzer Hof« in Karl-Marx-Stadt weiht ihn der Barkeeper in seine Berufsgeheimnisse ein. Welche Handgriffe sind notwendig? Wie muss der Shaker beschaffen sein? Welches Zubehör braucht ein Barkeeper noch? Erich John hört aufmerksam zu, dann fängt er an nachzudenken. Das Ergebnis ist simpel, aber genial: Er integriert die Zitronenpresse in den Shaker. »Wenn Sie mixen wollen, ist der Saft gleich im Becher, und nichts geht verloren.« Das von ihm entworfene Set mit dem Namen Partymix besteht aus einem silbern eloxierten Aluminium-Messbecher mit eingebauter Zitronenpresse, sechs Trinkbechern, einer Zange für Eiswürfel, einem Rührlöffel aus Plastik und einem Barsieb, dem sogenannten Hawthorne Strainer.

Typisches DDR-Produkt: Eisbecher aus Aluminium

Auf der Leipziger Messe wird das Set ein Renner. In hohen Stückzahlen fliegt es bis ans andere Ende der Welt. Die Australier lieben es. Wer Glück hat, ergattert den Partymix auch in der DDR im Handel. Seit der Wiedervereinigung wird er als Rarität im Internet versteigert. Doch der selbstbewusste Firmenchef Hans Aurich kann seinen Erfolg nicht lange auskosten. Alle pri-

Cocktailshaker im Set. Die Zitronenpresse ist in den Shaker integriert, so geht kein Saft verloren

vaten und halbstaatlichen Firmen mit mehr als zehn Mitarbeitern werden bis 1972 zwangsweise verstaatlicht. »Die DDR macht dann einen ökonomischen Blödsinn nach dem anderen«, ärgert sich Erich John.

1960 macht ihm die Arbeit im Gestaltungsatelier großen Spaß. Er kann Veränderungen anstoßen und viele Erfolge verbuchen. Für die Restaurants der Bewirtungs- und Beherbergungsgesellschaft Mitropa entwirft er ein Kaffeekännchen aus Metall und einen Mini-Aschenbecher fürs Handgepäck. Als er die Entwürfe beim VEB Metallwaren Quedlinburg vorstellt, rutscht ihm der Satz heraus: »Der Aschenbecher ist ausgelegt für die Asche von zwei Rauchern.« Und wundert sich, warum der ganze Saal lacht. So groß ist der winzige Aschenbecher nun wirklich nicht. Natürlich meint er die Asche zweier Zigaretten.

Nach einem Jahr ist das Gestaltungsatelier in Karl-Marx-Stadt etabliert. Erich Johns Vertrag läuft aus, und er muss sich entscheiden: Soll er bleiben oder soll er gehen? »Ich will zurück nach Berlin. Wer will schon in Karl-Marx-Stadt wohnen, wenn man mal in der Hauptstadt war. Kein Mensch!« Als Nachfolger für seine Stelle holt er Absolventen der Hochschule für bildende und angewandte Kunst Berlin-Weißensee, die sich erste Lorbeeren verdienen wollen. Die Bedeutung von Design steigt. Noch vor Johns Weggang zieht die Abteilung Formgestaltung aus der dunklen Baracke in ein respektables helles Büro, eine Etage unter dem des Generaldirektors. Es wächst zu einem produktiven Atelier heran, das bis zum Ende der DDR für die Eisen-, Blech-, Metallwarenindustrie arbeitet.

Erich John reist mit euphorisch verfassten Zeugnissen nach Hause. Generaldirektor Halbauer lobt den »vorbildlichen persönlichen Einsatz«. Der Kaderleiter des VEB ZEK, also der Personalchef, schreibt: »Er zeigte ein sehr hohes Maß an

Verantwortungsbewusstsein und war jederzeit bereit, seine Kenntnisse sowohl seinen Mitarbeitern als auch den übrigen Entwicklungsingenieuren zu vermitteln.« Heute würde man sagen, Erich John ist ein Teamplayer. Damit kommt er der Forderung in der DDR nach Kollektivarbeit entgegen. Für seine Aufbauleistungen erhält er am 1. Mai die Urkunde »Aktivist der sozialistischen Arbeit«. Diese Auszeichnung verteilt die DDR bis zu ihrem Ende fast neun Millionen Mal, viermal allein an Erich John. Der Orden – verbunden mit einer kleinen Geldprämie – ehrt Bürger, die beim Aufbau des Sozialismus helfen und die DDR stärken.

Besteck zum Gucken

Kaum wieder im Institut für angewandte Kunst in Berlin angekommen, soll sich Erich John schon um die nächste Baustelle kümmern: die Feinmechanische Optische Industrie. Johns Chef Albert Buske macht ihn auf der Leipziger Messe mit den Konstrukteuren der Rathenower Optischen Werke, kurz ROW, bekannt. Der Betrieb hat noch keine Produktgestalter und wird fortan von Erich John betreut. Immer öfter pendelt er mit dem Auto zwischen Berlin und Rathenow. Dass das Zusammentreffen mit der Belegschaft der ROW eine schicksalhafte Begegnung ist, weiß er damals noch nicht. Acht Jahre später sind es genau diese Konstrukteure, die es dem Formgestalter überhaupt erst ermöglichen, die berühmte Weltzeituhr zu bauen. Erich John wiederum ist in Rathenow bis heute eine feste Größe. Sein Wirken für die perfekte Produktgestaltung ist im »Optik Industrie Museum Rathenow« sowie im Optikpark, einem touristischen Erholungspark, dokumentiert.

Verchromt für den Osten, vergoldet für den Westen: Theaterglas

Die Stadt Rathenow in Brandenburg gilt als die Wiege der optischen Industrie in ganz Deutschland. 1801 hatte der Rathenower Pfarrer und Unternehmer Johann Heinrich August Duncker die ersten Augengläser mit der von ihm erfundenen Vielspindelschleifmaschine industriell geschliffen. Er stellte Brillen, Mikroskope und Fernrohre her. Dessen Nachfolger, die Emil Busch AG, produzierte im Zweiten Weltkrieg für die Rüstungsindustrie, weshalb sie gleich 1945 enteignet wurde. Da

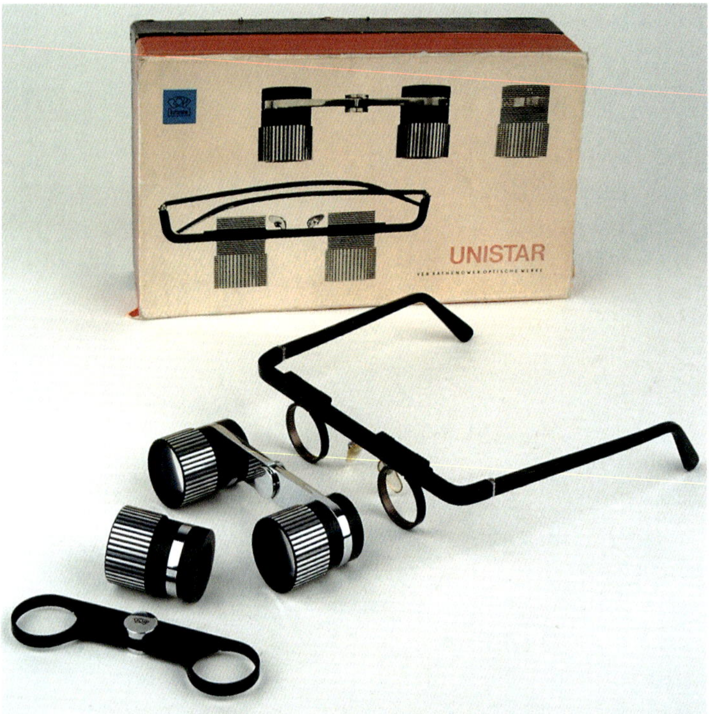

Fernglasbrille zum Zusammenbauen: Galileisches Besteck

Rathenow in den letzten Kriegstagen als sogenannte Festung herhalten musste, zerschossen Wehrmacht und Rote Armee große Teile der Produktionsstätten. Mit der Optik geht es trotzdem weiter: In den ROW arbeiten bis zum Ende der DDR rund fünftausend Menschen.

Das erste Projekt, das Erich John unter seine Fittiche nimmt, ist die Überarbeitung eines Theaterglases. Die ROW produzieren seit Jahren solche Gläser. Man sieht den Modellen an, dass die Hersteller diese als optische Instrumente begreifen – technisch tun sie zwar ihren Dienst, doch sie wirken schwer und klobig. Zierliche Eleganz, die in die Damenhandtasche passt, wünschen sich jetzt Johns Auftraggeber. Sie stellen ihm Rolf Merkel an die Seite. Der gebürtige Rathenower ist kurz zuvor als frisch geprüfter Diplom-Ingenieur von der Fachhochschule Jena gekommen. »Als ich Erich John zum ersten Mal begegne, gilt er bereits als Koryphäe auf seinem Gebiet«, erinnert sich Rolf Merkel. »Ich habe richtig Respekt vor ihm. Er hatte damals schon viele verschiedene Objekte gestalterisch entworfen. Aber er bleibt uns gegenüber bescheiden, wirkt überhaupt nicht überkandidelt. Was mir auf Anhieb gefällt, ist, dass er zuhört, wenn jemand eine Idee hat. Er will nicht zwangsläufig seine eigenen Vorstellungen durchsetzen. Außerdem schlägt er niemals etwas vor, das wir nicht in der Lage sind zu produzieren. Man merkt sofort, dass er von der Pike auf gelernt hat, Dinge mit den geringsten Mitteln selbst herzustellen.« Rolf Merkel bringt sein technisches Know-how ein, Erich John seinen Sinn fürs Schöne und Praktische. Echte Teamarbeit. Zusammen entwickeln sie 1961 das Theaterglas Luxostar. Elegant und winzig klein ist es, nur neun Zentimeter lang, dazu mit einem Gewicht von gerade einmal 87 Gramm ultraleicht.

Das neue Theaterglas im schwarzen Lederetui ist auf Anhieb ein Erfolg. Es erhält eine Goldmedaille der Leipziger Messe und wird in ganz Deutschland ein Verkaufsschlager. In Ostdeutschland dient es jahrzehntelang als beliebtes Geschenk zur Jugendweihe, und auch die Westdeutschen kaufen es – allerdings ohne zu wissen, wo es ursprünglich herkommt. Denn Luxostar bekommt einen neuen Markennamen verpasst: Das Versandhaus Quelle vertreibt das Theaterglas unter dem Namen Revue. Eigentlich ist es das gleiche Produkt. Doch im Quelle-Katalog offenbart sich ein kleiner Ost-West-Unterschied: In der DDR wird Luxostar zeitweilig ausschließlich in Schwarz-Chrom angeboten. Revue gibt es jedoch stets in zwei Ausführungen, nämlich zusätzlich in Schwarz-Gold. Rolf Merkel verrät: »Der Westen liefert extra Gold ans ROW, denn in der DDR ist keines zu bekommen.« Der Rohstoffmangel macht sich nach und nach überall bemerkbar. Die Formgestaltung des Glases bleibt bis zur Wiedervereinigung 1989 dieselbe. »Wenn ein Produkt im Ausland gefragt ist, besteht kein Grund, ein neues Design zu entwickeln«, erklärt Merkel diese Kontinuität. »Langlebigkeit ist eines der höchsten Ziele.«

Drei Jahre später kreiert das Duo das auch als Galileisches Besteck bezeichnete Fernglasset Unistar. Laut mitgeliefertem Werbeprospekt ist das »eine neuartige patentierte Fernglaskombination, die nach dem Baukastenprinzip konstruiert ist«. Die Okulare lassen sich einzeln als Minifernrohr nutzen, man kann die Elemente aber auch mit wenigen Handgriffen und Zusatzteilen zu einem Theaterglas umbauen. Oder aber man fügt alles zu einer Fernglasbrille zusammen, die direkt auf die Nase gesetzt werden kann. Brillenbügel und Nasenflügel gehören zum Paket. Die erste Fernglasbrille stellte übrigens der ROW-Vorgänger, die Emil Busch AG, her, angeblich speziell anlässlich der Olympischen Spiele 1936 in Berlin. Damit sollten sich die Besucher des Olympiastadions die Sportler ganz nah vor Augen holen und gleichzeitig applaudieren können. Das Revolutionäre am Unistar sind die Kombinierbarkeit der Elemente und die Leichtigkeit – sowohl im Design als auch beim Gewicht. Selbstbewusst bewirbt die DDR dieses Produkt 1964 in einem bebilderten Prospekt: »Außerdem sparen Sie Geld, weil Sie die verschiedenen Ferngläser nicht komplett zu kaufen brauchen. Die moderne Formgestaltung und die modisch eleganten Dekors vervollkommnen das Bild dieser technischen Schöpfung, die auch den ästhetischen Ansprüchen unserer Zeit gerecht wird.« Rolf Merkel und Erich John, die Unistar als Patent angemeldet haben, erhalten erneut Leipziger Messegold für »hohes wissenschaftlich-technisches Niveau«. Heute ist das Galileische Besteck ein begehrtes Sammlerobjekt.

Von Schülermikroskop bis Mineralienschleifer

Einen Wassertropfen oder das eigene Haar in 225-facher Vergrößerung betrachten kann in der DDR jedes Kind. Im Biologieunterricht wird ab der fünften Klasse mikroskopiert. Das robuste Schülermikroskop mit der offiziellen Bezeichnung Kleinmikroskop C ROW wird ab 1969 als Klassensatz in alle Schulen geliefert. Es ist schnörkellos und einfach zu bedienen, ein Aluminiumguss in Grau, verpackt in einen stabilen Holzkasten. Unverwüstlich. Die Formgestaltung stammt von Erich John. Einmal konzipiert, wurde es nie wieder verändert. Es ist wohl der bekannteste seiner Mikroskop-Entwürfe. »Für ROW entwickle ich mehrere Mikroskope für Forschung, Medizin und die Universitäten, darunter hochkomplexe Polarisationsmikroskope, die Präparate durchleuchten können. Bei meiner Arbeit stimme ich mich immer mit den Konstrukteuren ab. Die jungen Ingenieure sind bestens ausgebildet und hochmotiviert. Das macht mir richtig Spaß. Wir verstehen uns gut und sind bis heute freundschaftlich verbunden. So trauen wir uns an die gewagtesten Dinge.«

Eines dieser gewagten Projekte ist beispielsweise eine Maschine mit dem wunderschönen Namen Minosupan. Sie schleift und poliert Gesteinsproben aus dem Bergbau, der Mineralogie oder der Baustoffindustrie, um im sogenannten Auflicht unter dem Polarisationsmikroskop rauszufinden, was drin ist. Die spätere Minosinex bearbeitet Mineralien, schleift sie bis zu drei hundertstel Millimeter dünn – dünner als ein Haar –, um sie im Durchlichtmikroskop zu analysieren. Beide Verfahren geben Aufschluss darüber, ob sich der Abbau eines Gesteins lohnt oder ob ein Tunnel standfest wäre. Die Rathenower Lokalseite der Tageszeitung »Märkische Volksstimme« druckt am 5. März 1964 ein Foto von Maschine und Konstrukteur Rolf Merkel ab und schreibt stolz: »Ein Spitzenerzeugnis auf dem Weltmarkt schufen Mitglieder der Brigade ›Hammer und Zirkel‹ der Konstruktionsabteilung des VEB Rathenower Optische Werke mit der Neuentwicklung ›Minosupan‹. Diese Schleif- und Poliermaschine zur Herstellung von Erz-, Gesteins- und Kohleschliffen übertrifft das bisher führende westdeutsche Erzeugnis.«

Genau darum geht es: um den Kampf der politischen Systeme. »Mit dieser Maschine sind wir damals in Deutschland, vielleicht sogar in ganz Europa der einzige Hersteller, der diese Präzision liefern kann«, erinnert sich Erich John. Sein Name erscheint zwar nirgendwo, er und die Konstrukteure gewinnen aber auf der Leipziger Frühjahrsmesse 1964 mal wieder eine Goldmedaille. Die Minosupan verkauft sich gut, vor allem in den sogenannten sozialistischen Bruderstaaten Sowjetunion, Rumänien und Bulgarien, aber auch im kapitalistischen Ausland, etwa in Italien, Finnland und Frankreich. »Sie bringt eine Devisen-

Kannte in der DDR jedes Kind: Johns Schülermikroskop

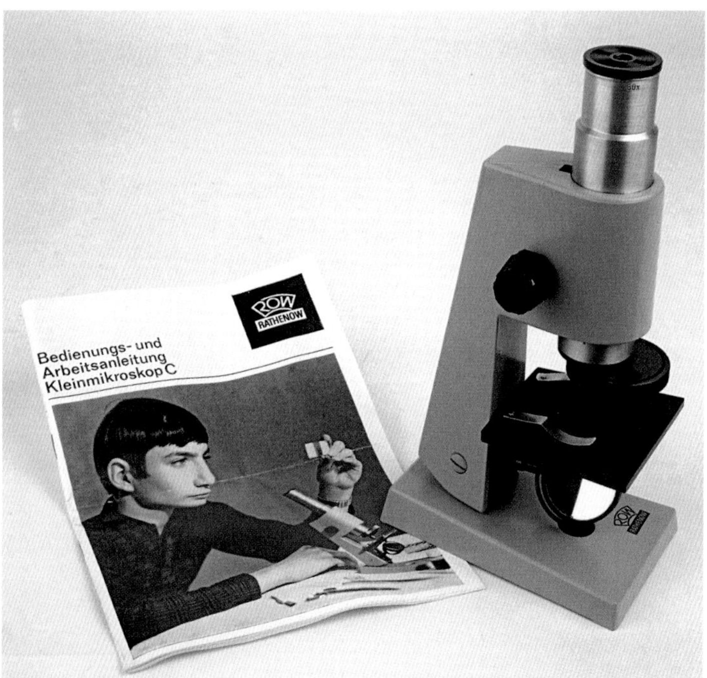

Rentabilität von einer Ost-Mark zu drei West-Mark. Das macht uns ein Stück weit unantastbar.« Dies wird sich auch später noch als Vorteil erweisen.

»Dass diese Maschine und später die Ergänzung, die Minosinex, so gut ankommen, hat viel damit zu tun, wie das Produkt gestaltet ist«, erläutert Konstrukteur Rolf Merkel. »Erich John achtet stets darauf, dass jede Maschine bequem zu bedienen ist. Diejenigen, die daran arbeiten, sollen das in einer vernünftigen Körperhaltung tun können. Die Bedienelemente sind einfach am richtigen Platz. Erich John hat ein herausragendes technisches Verständnis. Er ist unverzichtbar, auch bei den Verhandlungen mit den Funktionären. Denn die lehnen Veränderungen gern ab oder wollen lieber billiger produzieren. Doch er findet immer überzeugende Argumente. Selbst als wir im ROW eigene Formgestalter fest einstellen, bleibt er uns als Gastdesigner erhalten. Mehr als dreißig Jahre lang!«

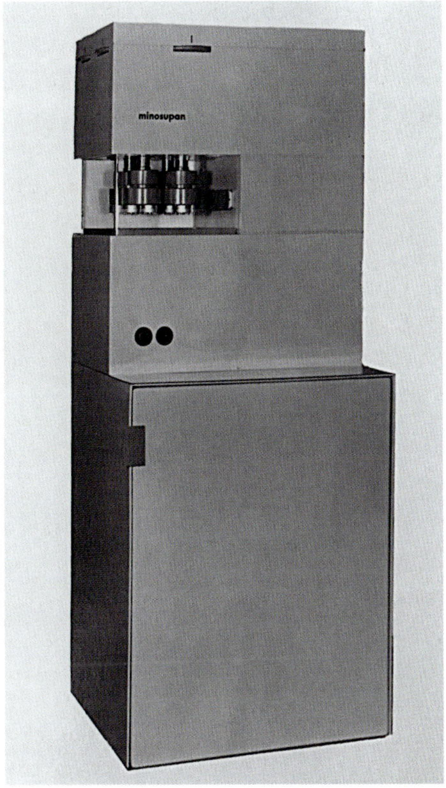

Funktional: Schleif- und Poliermaschine

Leihdesigner fürs Wartburg-Lenkrad

Gab es eigentlich Vielflieger in der DDR? Wenn das Sammeln von Flugmeilen 1961 schon erfunden worden wäre – das wird es leider erst 1979 in den USA –, dann hätte Erich John tatsächlich ein paar Meilen zusammenbekommen. Jeden Montag steigt er in Berlin-Schönefeld in eine IL-14 der DDR-Fluggesellschaft Interflug und jettet nach Erfurt. Am Sonnabend geht es zurück. So stellt man sich das bei einem gefragten Designer ja vor. Ein bisschen Luxus. Aber solche Privilegien in der DDR? Doch es kommt noch besser: Am Erfurter Flughafen erwartet den Formgestalter das neueste Wartburg-Modell oder gar der Prototyp eines noch unbekannten Autos. Ein Testfahrer chauffiert ihn von der Landebahn bis zum Automobilwerk Eisenach. Es geht zügig über Autobahn und Landstraße. »Die neu entwickelten PKW-Modelle müssen ja auf ihre Kilometer kommen«, entschuldigt Erich John bescheiden den ihm zuteilwerdenden Komfort.

In der Produktionsstätte für Automobile in Eisenach produzierten die Industriellen Heinrich und Gustav Ehrhardt 1898 den ersten Wartburg-Motorwagen, benannt nach der nahen Burg, wo sich einst Martin Luther versteckt und die Bibel ins Deutsche übersetzt hat. 1928 übernahmen die Bayerischen Motoren Werke das Werk und stellten zunächst alle ihre PKW in Thüringen her. Nach dem Zweiten Weltkrieg ging die BMW-Produktion dann in der sowjetischen Besatzungszone weiter. Doch nach der deutschen Teilung ließ die Unternehmensleitung in München den Eisenachern gerichtlich verbieten, den Markennamen BMW weiterhin zu verwenden. So wurde 1951 aus BMW zunächst EMW, Eisenacher Motoren Werke. Ab 1955 hieß die Marke dann wieder Wartburg.

Modern und sicher: Prototyp des Wartburg-Lenkrads von John

1961 hat Erich John eine Mission. Im Jahr zuvor schon hatte er die Fensterkurbeln, die Griffe für die Innentüren und den Zündschlüssel für den neuen Wartburg 353 gestaltet. Das rundliche Wartburg-Modell 311 braucht einen marktfähigen Nachfolger. Die Eisenacher arbeiten am P100, einem neuen Prototyp. Zusammen mit seinem Kollegen Wolfgang Dyroff, ebenfalls Formgestalter, bezieht Erich John Quartier über dem Pförtnerhaus. In den nächsten Wochen entwirft Dyroff ein neues Armaturenbrett. John ist für die Gestaltung der Sitze, der Außentürgriffe und des Lenkrads zuständig. Außerdem betreut er eine Parallelentwicklung zum Wartburg, ein neues Fahrzeug, das leider nie in Serie gehen wird. Mit Karosseriebauern und Polsterern tüftelt er an Schalensitzen, in denen Fahrer in Kurven einen festeren Halt finden. Die Außentürgriffe würde er am liebsten in der Karosserie verschwinden lassen, sodass niemand beim Vorbeigehen daran hängen bleiben kann. Doch ganz so revolutionär darf es dann doch nicht sein – John ist lediglich beauftragt, Türgriffe zu entwerfen, die außen an die Karosserie angeschraubt werden. Wieder arbeitet er in einer Art Symbiose mit den Konstrukteuren. Er zeichnet seine Entwürfe und modelliert sie in Gips, die Chefs entscheiden, was letztlich gebaut wird. In diesem Fall millionenfach.

Das Lenkrad bereitet Erich John Kopfzerbrechen. Die aktuelle Unfallstatistik ist besorgniserregend. 1961 herrscht noch keine Anschnallpflicht. Es gibt zahlreiche Tote und Verletzte, da die Fahrer bei Frontalunfällen mit voller Wucht auf die Lenksäule prallen und sich diese in den Brustkorb rammt. Der Formgestalter will mit einer veränderten Lenkradform das Risiko, sich bei einem solchen Unfall lebensgefährlich zu verletzen, minimieren. So versteht er seinen Beruf. Vorbilder hat er keine. Wie auch? Was die Autobauer »drüben« im Westen erfinden, bleibt ihm verborgen. »Man müsste eine Federung einbauen«, überlegt er sich. Also entwirft er ein Zweispeichenlenkrad, bei dem die Speichen wie ein leichtes V geformt sind. Die Lenksäule liegt damit etwa zehn Zentimeter tiefer als der Ring, den man beim Lenken festhält. Die Speichen konstruiert John aus einem verformbaren Material, sie federn leicht. Sollte es zu einem Aufprall kommen, ist die Verletzungsgefahr zumindest eingedämmt. Obendrein sind die Speichen nun mit einer sogenannten Prallplatte aus Schaumstoff gepolstert. Die obere Lenkradhälfte gewährt den Durchblick aufs Armaturenbrett. Das neue Lenkrad ist nicht nur deutlich sicherer, der Entwurf ist darüber hinaus überaus ästhetisch.

Der P100 ist technisch nicht ausgereift und geht nie in Serie. Die von Erich John entworfenen Sitze, die Türgriffe und das Lenkrad werden stattdessen von 1965 bis Anfang der 80er-Jahre in den Wartburg 353 eingebaut, nahezu unverändert. Das Lenkrad behalten die Kleintransporter Barkas und Multicar bis nach 1989. Das klingt unglaublich! Doch Erich John räumt ein, dass dieser Umstand nicht ausschließlich seinem funktional sinnvollen und optisch ansprechenden Design zuzuschreiben ist. »In der DDR fehlt ein modern entwickelter Werkzeugbau. Es ist generell schwierig, neue Werkzeuge oder Gussformen herzustellen. Die Maschinen stammen oft noch aus der Vorkriegsproduktion.« Darum weisen Wartburg, Trabant und Co. über Jahrzehnte hinweg eine unveränderte Form auf. »Man nimmt einfach, was man bereits hat, immer und immer wieder. Alles ist dem Mangel untergeordnet. Die DDR-Wirtschaft ist schwach.« Der stets propagierte Vorsatz der Langlebigkeit erhält so einen negativen Beigeschmack. Formgestalter in der DDR entwerfen quasi für die Ewigkeit. Im Rückblick betrachtet, hat diese Vorgehensweise etwas fundamental Umweltfreundliches: Was damals der erzwungenen Sparsamkeit geschuldet ist, gilt heute als nachhaltig.

Zur DDR-Zeit bleibt der Urheber der Designs meistens unbekannt. Erich John ist beim Autobauer lediglich ein Gesandter des Instituts für Formgestaltung, ein kleines Rädchen im Getriebe der sozialistischen Produktion. Heute allerdings steht sein Name in den Publikationen über den PKW der Eisenacher. Ein Stück nachträglicher Gerechtigkeit, auch wenn seit Jahrzehnten kein Wartburg mehr produziert wird. Sein altes Lenkrad wird inzwischen nachgegossen. Ein Oldtimer-Liebhaber bekommt es für rund 100 Euro. Als Erich John einen solchen Nachguss in der Hand hält, strahlt er vor Freude. »Ja, genau so, wie ich es damals gemacht habe«, bestätigt er und ist dann doch ein wenig stolz.

Eine Mauer wird gebaut

»Endlich halte ich den Prototyp des Lenkrads fertig in den Händen. Für die Eisenacher Modellbauer hatte ich meinen Entwurf zuerst in Gips gearbeitet. Sie schickten mir den ersten Aluminiumguss nach Berlin. In der Werkstatt des Instituts für Formgestaltung gebe ich dem Lenkrad den letzten Feinschliff. Es ist Mitte August, ein Sonntag. Plötzlich verbreitet sich die Nachricht wie ein Lauffeuer: Es wird eine Mauer gebaut!« Erich John stürmt aus der Werkstatt und läuft die Clara-Zetkin-Straße, die heute wieder Dorotheenstraße heißt, hinab in Richtung Brandenburger Tor. »Ich komme nicht weit. Da stehen zwei Männer in Ledermänteln: ›Schluss, Sie dürfen hier nicht weiter!‹ Ich wehre mich: ›Wieso denn nicht? Ich kann doch wohl hier die Straße langgehen!‹ Die Männer brüllen: ›Nein, Sie dürfen hier nicht lang! Gehen Sie zurück!‹ Ich taumele fast bis zur Werkstatt. Ich bin geschockt. Was soll das nur werden? Eingesperrt? Meine Frau hat doch eine Anstellung in West-Berlin! Ihr Gehalt ist zwar lächerlich gering, allerdings wird es in D-Mark ausgezahlt. Der Umtauschkurs liegt bei 1:5, für eine D-Mark bekommt man also fünf DDR-Mark. Damit lässt es sich im Osten gut leben. Das ist eine beträchtliche Aufstockung unserer Möglichkeiten.« Von jetzt auf gleich ist Brigitta-Marias Arbeitsstelle unerreichbar. Erich John selbst bezieht ein Gehalt von 950 Mark, das reicht fürs Erste. Seine Frau hat wenig später woanders Glück. Die Akademie der Wissenschaften sucht eine Grafikerin für die Dokumentation von Ausgrabungen. Brigitta-Maria bekommt eine Stelle im Institut für Ur- und Frühgeschichte und behält sie viele Jahre lang.

»Für meine Arbeit ändert sich zunächst wenig. Nur einige Kontakte nach drüben fehlen, das fühlt sich merkwürdig abgeschnitten an. Etwa zwei Jahre nach dem Mauerbau lockert sich alles etwas. Wir können freier arbeiten als vorher, es geht bergauf mit der Formgestaltung. Der Historizismus aus der Sowjetunion verschwindet nach und nach. Die Versorgung der Bevölkerung bessert sich. Wir denken eine Zeit lang, es wendet sich alles zum Guten.« Besser wird es immerhin für Familie John. Das Ehepaar, dem immer noch eine alte Wäscherei als Unterkunft gedient hat, bekommt eine richtige Wohnung. Zuvor hat das Institut ein Schreiben verfasst, das Erich Johns Antrag auf eine Wohnungszuweisung Nachdruck verleiht. Das wirkt. Mit der Zuweisung in den Händen fahren sie zur Besichtigung. Doch statt vor einem Haus stehen sie zunächst vor einer riesigen Baugrube. In den 1960er-Jahren werden neben dem einstigen Dorf Hohenschönhausen die ersten mehrgeschossigen Gebäude hochgezogen, Stein auf Stein. Die große Plattenbausiedlung wird erst ab den 1970er-Jahren aus dem Boden gestampft. Die Familie bezieht schließlich eine Zweiraumwohnung mit Balkon. In das kleinere Zimmer zieht Erich John eine dünne Zwischenwand ein, um das Kinderzimmer vom Schlafzimmer abzutrennen. Endlich können sie ihren Sohn, der sechs Jahre lang bei den Großeltern aufwuchs, zu sich holen. Er wird in Berlin eingeschult. Die Familie ist wieder vereint.

Staubsauger-Affäre

Alarm in Thüringen! Der Staubsaugerhersteller VEB Elektrowärme Altenburg steckt in Schwierigkeiten. Der Export nach Skandinavien bricht ein, die Kunden bemängeln Fertigungsfehler. Der gute Ruf der Firma schwindet dahin. Innerhalb kürzester

Zeit müssen also neue Staubsauger her. Erich John und sein Kollege Wolfgang Dyroff werden zur Akkordarbeit nach Altenburg abgeordnet. Sie bekommen zwei Wochen Zeit und sollen die Werkstatt nicht eher verlassen, als bis ein vorzeigbares Ergebnis vorliegt.

»Da ist nichts mit Achtstundentag, nein, vielmehr sind es 12 oder 14 Stunden, so lange eben, wie wir durchhalten. Doch sonst sind die Arbeitsbedingungen gut. Ich empfinde es nicht als Belastung, sondern als eine Ehre, diesen Betrieb retten zu dürfen.« Hand in Hand mit den Ingenieuren entwickeln die beiden Formgestalter zwei Staubsauger-Typen: Erich John den Bodenstaubsauger, Wolfgang Dyroff den Handstaubsauger.

Kaum sind sie fertig, schaltet sich das Ministerium für Staatssicherheit ein. Ermittlungen wegen Spionage werden eingeleitet. Der Grund dafür: Fotos der neuen Errungenschaft des Sozialismus erscheinen beim Klassenfeind. Na ja, eigentlich sind nur einige Abbildungen der neuen Staubsaugermodelle in der westdeutschen Design-Fachzeitschrift »form« abgedruckt worden – dies aber, bevor die Staubsauger auf der Leipziger Messe präsentiert worden sind. Erich John wird verdächtigt, die Fotos in den Westen geschmuggelt zu haben. Er wird verhört, kann aber glaubhaft machen, dass er es nicht war. Der »Geheimnisverrat« geht auf das Konto der Chefredakteurin von »form + zweck«, einer in der DDR erscheinenden Fachzeitschrift für industrielle Formgestaltung, also dem ostdeutschen Pendant der »form«. »Hanna Schönherr ist eine gestandene, rechtschaffene Journalistin«, beteuert Erich John. »Sie hat nichts Verwerfliches getan, als sie sich kollegial mit dem Macher der West-Zeitschrift ausgetauscht hat.« Der Formgestalter empfindet die Veröffentlichung sogar als Anerkennung für die im Osten hervorgebrachten Produkte. Der Abdruck der Fotos könnte doch verkaufsfördernd sein! Die Stasi aber macht eine große Affäre daraus. Die Chefredakteurin kriegt richtig Ärger, mindestens ein Disziplinarverfahren, vermutet Erich John. Er selbst hat ein schlechtes Gewissen. Hatte er sie nicht ein bisschen dazu ermutigt? Seit diesem Vorfall hat er eine eigene Stasi-Akte. Das allerdings erfährt er erst nach dem Fall der Mauer.

Corpus Delicti: Mit diesem Staubsauger beginnt Johns Stasi-Akte

Die Staubsauger der Marke Oberlind jedenfalls werden in hohen Stückzahlen produziert und verkauft. Sie landen sogar wieder in Skandinavien. Unter dem Markennamen Privileg vertreibt das Versandhaus Quelle die gleichen Modelle auch in Westdeutschland. Dort, wo die »verräterischen« Fotos erschienen sind.

»Weil ich die größte Klappe habe!«

Es rappelt im Institut für angewandte Kunst. Erich John hat keinerlei politische Ambitionen. Trotzdem wählen ihn seine Kollegen in einer geheimen Wahl – so etwas gibt es auch in der DDR, wie John betont – zum Gewerkschaftsvorsitzenden. Von nun an hat er einen Sitz in der Institutsleitung, was der gar nicht so richtig schmeckt. Warum? »Weil ich die größte Klappe habe, wenn es darum geht, die Interessen der Designer und der anderen Kollegen zu vertreten«, grinst Erich John. »Freiberufliche Formgestalter haben es zunehmend schwer, an Aufträge in der Industrie heranzukommen. Dabei habe ich in Karl-Marx-Stadt oft Freiberufliche beauftragt, anders war die Arbeit gar nicht zu schaffen, und es funktionierte gut. Jetzt werden die Freien regelrecht kaltgestellt. Das Institut wird immer zentralistischer und will mehr und mehr Kontrolle ausüben. Damit bin ich überhaupt nicht einverstanden.«

Ein kontroverses Thema ist erneut die künstlerische Ausrichtung. Zum VI. Parteitag der SED 1963 soll Erich John die Ausstellung »Seht, welche Kraft!« mitgestalten. Veranstaltungsort ist die Deutsche Sporthalle, die zum Ensemble der ehemaligen Stalinallee gehört, wegen Baumängeln aber 1972 abgerissen werden muss. An Johns Seite steht der Verband Bildender Künstler der DDR mit dem Vorsitzenden der Sektion Formgestaltung, Horst Michel. Bei der Ausstellung zeigen sie, was sie als Formgestalter unter Design verstehen. »Bei der Eröffnung geht Walter Ulbricht durch die Ausstellung«, erinnert sich Erich John. »Sein Gesicht wird lang und länger. Ich laufe in einem Pulk von Funktionären und Presseleuten neben ihm her. Vor den schlichten weißen Röhrenvasen von Hubert Petras platzt dem Staatsratsvorsitzenden schließlich der Kragen. Ich höre ihn wettern: ›So etwas wollen unsere Werktätigen nicht!‹«. Ganz ähnlich soll es sich bei der späteren Kunstausstellung in Dresden abgespielt haben. Die Vasen werden daraufhin mit bunten Dekoren im Sinne des Ulbricht'schen Sozialismus »aufgewertet«. »Design hat es schwer in der DDR ...«, seufzt John.

1962 wird das Institut für angewandte Kunst umbenannt und heißt fortan Institut für Industrielle Formgestaltung. Der bisherige Direktor wird von Martin Kelm abgelöst, der genau wie Erich John und Jürgen Peters zur ersten Formgestalter-Generation aus Berlin-Weißensee gehört. Nach dem Studium ist er nach Halle an die Kunsthochschule Burg Giebichenstein gegangen, die zweite Ausbildungsstätte für industrielle Formgestaltung in der DDR. Erich John kennt Martin Kelm bereits aus der Fachschule in Wismar. Doch obwohl sie nun in ein und demselben Institut arbeiten und sogar befreundet sind, entfremden sie sich voneinander. Nach und nach schlägt der Formgestalter Kelm eine politische Karriere ein. Es ist eine Fußnote der Geschichte, dass er über Jahrzehnte hinweg privat einen engen Draht zur politischen Elite hat. Denn seine Ehefrau Elli arbeitet zunächst als Sekretärin im Zentralkomitee der SED und wird Mitte der 1960er-Jahre sogar Chefsekretärin des späteren DDR-Chefs Erich Honecker.

Vom SED-Parteisekretär im Institut für Formgestaltung wird Erich John nahegelegt, in die SED einzutreten. Bisher hatte er sich erfolgreich von Parteien fern- und aus der Politik herausgehalten. Das entspricht seiner christlichen Erziehung und genauso seiner Abneigung, sich bedingungslos unterzuordnen. Der SED-Parteisekretär wettert: »Du musst erst mal lernen, wie man sich Vorgesetzten gegenüber verhält!« Der Druck steigt. Andererseits empfindet Erich John, dass es wenige Jahre nach dem Mauerbau in der DDR tatsächlich spürbar bergauf geht. »Das scheint wohl doch der richtige Weg zu sein«, mutmaßt er. So wird er Kandidat und 1966 Mitglied der SED.

Erich John wird offiziell als Künstler anerkannt. Er hat seine Arbeiten dem Verband Bildender Künstler der DDR vorgelegt und wird als Mitglied aufgenommen. »Auch hier setze ich mich für die freiberuflichen Designer ein. Kaum einer erhält noch Aufträge aus der Industrie. Dadurch geht sehr viel Kreativität verloren. Einige meiner Formgestalter-Kollegen stellen einen Ausreiseantrag, andere werden regelrecht krank. Das kann doch nicht so bleiben! Ich streite mit den Verantwortlichen im Institut und handle mir noch mehr Ärger ein. Dort wird nur verwaltet, kaum noch selbst gestaltet. Ich aber bin ein Macher.« Die Freundschaft mit Martin Kelm geht in die Brüche. Beide Männer sprechen nur noch das Nötigste miteinander. Erst nach dem Ende der DDR finden sie wieder zueinander.

1972 wird aus dem Institut das Amt für Industrielle Formgestaltung. Die Industrieformgestalter werden dem DDR-Wirtschaftsministerium unterstellt. Direktor Kelm wird offiziell zum Staatssekretär ernannt. Doch zu diesem Zeitpunkt arbeitet Erich John bereits woanders.

Wieder ein Neuanfang

Mitte der 1960er-Jahre hält Erich John den Streit im Institut nicht mehr aus. Der Formgestalter ist so unglücklich, dass er nur noch wegwill. Der gute Ruf als Fachmann ist ihm sicher. Das Leipziger Messegold wiegt schwer, und es heißt: »Den John dürft ihr nicht kaputtmachen. Der fährt mit seiner Mannschaft Devisen ein.« Er könnte in das achtzig Kilometer entfernte Rathenow umziehen, um voll und ganz bei den Rathenower Optischen Werken einzusteigen. Seine Familie aber hat sich in Berlin so schön eingelebt. »Dann kommen Sie doch zu mir!«, lädt ihn sein früherer Mentor Rudi Högner ein. Die Rettung! Högner holt seinen Studenten der ersten Stunde an die Hochschule Weißensee, erst als Gastdozent zur Probe, ein Jahr später, 1966, als Dozent für Formgestaltung. »In der Hochschule habe ich mit meinem Designverständnis keine Probleme mehr.« Hier hat er Kollegen, die wie Rudi Högner die Bauhaus-Idee schätzen oder sogar selbst »Bauhäusler« sind, so wie Selman Selmanagić. Der Architekt mit den bosnischen Wurzeln hat bis 1932 noch selbst am Bauhaus in Berlin studiert. Dessen Diplom, die Nummer 100, unterzeichnete der letzte Bauhaus-Direktor Ludwig Mies van der Rohe. Selmanagić ist Leiter der Architekturabteilung und hat für die Hochschule ein neues Gebäude entworfen, in dem sich Aula und Mensa befinden und das bis heute als eine Perle der Nachkriegsmoderne gilt. Außerdem ist er Spezialist für sogenannte Sport- und Erholungsstätten. So konzipierte er unter anderem das Walter-Ulbricht-Stadion in

Berlin-Mitte, das 1973, nach der Absetzung seines Namensgebers, in Stadion der Weltjugend umbenannt wird. Es wird 1992 anlässlich Berlins Bewerbung für Olympia 2000 abgerissen, heute steht auf dem jahrelang brachliegenden Gelände an der Chausseestraße die Zentrale des Bundesnachrichtendienstes.

Trotz seiner Stelle an der Kunsthochschule Berlin-Weißensee behält Erich John seine Lizenz als nebenberuflich tätiger Formgestalter und arbeitet auch weiterhin für die Rathenower Optischen Werke. Als Hochschuldozent bekommt er jetzt zwar 1050 Mark Gehalt, etwa so viel wie ein gestandener Ingenieur. Er will sich gegenüber seinen Studenten aber auch als Designer behaupten, um glaubwürdig lehren zu können. Das ist an der praxisorientierten Hochschule sogar Bedingung. Der Kontakt nach Rathenow entpuppt sich für Erich John als ein wahrer Glücksfall. Was würde er nur ohne die findigen Konstrukteure machen, als er 1968 dringend Hilfe braucht?

Nur nach Feierabend

Wir sind wieder im Herbst 1968. Erich John hat 14 Tage Bedenkzeit – wird er die Weltzeituhr nun bauen oder nicht? Er packt das Modell der Uhr kurzerhand in sein Auto und fährt zu den Rathenower Optischen Werken. »Wenn ich diesen Entwurf je umsetzen kann, dann nur mithilfe der Rathenower. Auf die ist immer Verlass«, spricht er sich Mut zu. Im Konstruktionsbüro bugsiert er das Modell auf den Tisch. »Können wir das hinkriegen?« Stille. Kopfschütteln. Abwinken. Er beginnt zu erklären, was er vorhat. Eine Weltzeituhr – in der Enge der DDR! Und dann diese einmalige Konstruktion!

»Erich John hat die Gabe, Menschen von einer Gestaltungsidee regelrecht zu begeistern«, erinnert sich Rolf Merkel, der selbst schon oft von dessen Enthusiasmus mitgerissen wurde. »Die Zeit auf diese Art und Weise darzustellen, das hat etwas Geniales. Die Vorstellung, sich an diesem außergewöhnlichen Projekt zu beteiligen und einmal etwas anderes zu machen als die alltägliche Arbeit, überzeugt die Kollegen schließlich.« Unter bestimmten Umständen könnte es klappen, so der Tenor. Doch die Konstrukteure stellen drei Bedingungen. »Erstens: Wir dürfen Material außerhalb der Planwirtschaft einkaufen. Zweitens: Wir dürfen parallel zur Projektierung und Konstruktion sofort anfangen zu bauen, damit wir das überhaupt zeitlich schaffen. Und drittens: Wir dürfen Feierabendbrigaden bilden.« Für ihre Konditionen haben sie gute Gründe: Planwirtschaft heißt null Flexibilität. Alles, was produziert werden soll, ist auf Jahre vorherbestimmt. Betriebe sind auf Massenproduktion getrimmt. Rohstoffe, Material und Arbeitskräfte sind unverrückbar eingeplant. Die Weltzeituhr aber ist ein Unikat und passt in kein betriebliches Programm. Erich John weiß, er braucht das Maximum an Ausnahmen. Und vor allem diese Feierabendbrigaden!

Die sind typisch für die DDR. Während in anderen Staaten nach Feierabend Freizeit angesagt ist, sind im Osten Deutschlands Tausende Betriebsangehörige bereit, nach ihrem Dienstschluss sowie an den Wochenenden zu arbeiten. In den 1950er- und 1960er-Jahren erfüllen manche Betriebe nur auf diese Weise ihre zu hoch gesteckte Norm. Oft aber übernehmen Feierabendbrigaden auch Arbeiten, die einfach nicht eingeplant sind. Sie bauen einen Spielplatz, pflastern das Stadtzentrum oder reparieren das Kirchendach. Die Auftraggeber sind staatliche Stellen, Kirchen, Privatpersonen oder die Betriebe der Freiwilligen selbst. Die Mitarbeiter der Feierabendbrigaden dürfen die Produktions- und Werkstätten ihrer Firmen nutzen und erhalten geregelte Verträge für ihre Tätigkeit. Das Attraktivste daran ist allerdings die Vergütung. Jede Überstunde wird bezahlt – und das besser als fast jede normale Arbeitsstunde – und ist obendrein steuerfrei. Das heißt: Die Kohle gibt's bar auf die Hand. Betriebe verbuchen diese Kosten unter der Rubrik »sonstige Ausgaben«.

Unterm Strich ist diese Praxis jedoch zu teuer. Darum sieht die SED-Führung Ende der 1960er-Jahre Feierabendbrigaden gar nicht mehr gern. Rolf Merkel erinnert sich an die offizielle Verlautbarung, die besagt, dass in einem sozialistischen Staat Arbeiter und Angestellte ihre Aufgaben in ihrer regulären Arbeitszeit schaffen und sich dann erholen sollten. Aber Erich John braucht ausgerechnet jetzt solche Feierabendbrigaden. Mit der Unterstützung seines gerade ins Amt gehobenen Hochschulrektors Walter Womacka schreibt er an das Zentralkomitee der SED. Er listet die Bedingungen der Rathenower auf und bekommt prompt eine Genehmigung – für alle drei Punkte! Einen solchen Freifahrtschein gab es noch nie und gibt es danach nie wieder.

Für insgesamt drei Rathenower Betriebe erhält Erich John je ein offizielles Schreiben. Paul Verner, Ost-Berliner SED-Bezirkschef und Mitglied im Politbüro,

In Rathenow wird das Stahlskelett der Weltzeituhr 1969 unter freiem Himmel zusammengeschweißt

richtet es an die jeweiligen Werksdirektoren. »Ich bitte Sie sehr, diese für das Ansehen der Deutschen Demokratischen Republik wichtige Aufgabe zustimmend zu prüfen und alles zu tun, damit dieser Auftrag erfüllt werden kann.« Dieser »mit sozialistischem Gruß« unterschriebenen Bitte widersteht keiner der Werksdirektoren. Der Chef der Rathenower Optischen Werke weiß ohnehin, dass Projekte mit Erich John immer klappen. Er erlaubt seinen Konstrukteuren, die eigentlich Experten für optische Instrumente und feinmechanische Maschinen sind, die ungewöhnlichste Uhr zu projektieren, die jemals in der DDR gebaut wird. Zwei weitere Betriebe werden mit ins Boot geholt. Der VEB Wasseraufbereitungsanlagenbau Rathenow kümmert sich um die Stahlarbeiten, denn das Werk verfügt über Schweißanlagen. Auf dem Betriebsgelände setzen Ingenieure und Handwerker unter freiem Himmel das Stahlgerüst für die Rotunde zusammen. Und sie rollen die Aluminiumbleche, die rund um den Schaft angebracht werden. Der VEB Elektro-Zentrale Rathenow sorgt für die Elektroanlagen, die Beleuchtung in der Rotunde und die Anschlüsse im Kellergeschoss. Diese drei volkseigenen Betriebe stellen also drei Feierabendbrigaden für die Weltzeituhr. In der Kantine des VEB Wasseraufbereitungsanlagenbau Rathenow versprechen sich im Januar 1969 die Mitglieder der Feierabendbrigaden gegenseitig, »keinen Murks zu machen«. Alle stecken mit drin. Es ist lediglich ein Vertrag per Handschlag, niemand setzt seine Unterschrift unter irgendein Dokument. Jeder Arbeiter der Feierabendbrigaden erhält den gleichen Lohn: 15 Mark pro Stunde, für DDR-Verhältnisse ziemlich viel Geld! Erich John, der Bauleiter und Erfinder der Weltzeituhr, beansprucht für sich keinen Pfennig mehr.

Einige Arbeiten werden qua regulärer Verträge an Firmen und Privatpersonen ausgelagert. So fertigt die private Kunstschmiedefirma Hans-Joachim Kunsch im Berliner Ortsteil Lichtenberg die Aluminiumbleche an, welche die Uhr ummanteln. Sie sägt die einzelnen Städtenamen in die Bleche und ist für die Endmontage verantwortlich. Da neun Monate wirklich wenig Zeit sind für solch ein außergewöhnliches Projekt, schlägt der Chefgestalter des Alexanderplatzes Walter Womacka vor, die künstlerischen Arbeiten ebenfalls auf mehrere Schultern zu verteilen. Insbesondere Kollegen sowie Absolventen der Hochschule Weißensee sollen helfen. Man kennt und vertraut sich. Maler und Bühnenbildgestalter Helmut Müller hat beim Wettbewerb für die Urania-Uhr selbst eine Weltzeituhr eingereicht, in Form eines Regenschirms. Jetzt betreut er die Fertigung des Terrazzomosaiks, das zu Füßen der Weltzeituhr ins Pflaster eingelassen wird. Dort hat Erich John eine Windrose vorgesehen, damit Passanten die Himmelsrichtungen ablesen können. Realisiert wird sein Entwurf im VEB Stuck und Naturstein in Berlin-Friedrichsfelde. Auch Ortwin Müller, Anatomielehrer in Weißensee, der für den Wettbewerb ebenfalls eine Weltzeituhr erdacht hatte und dafür 24 Uhren in einem Ring anordnen lassen wollte, wirkt bei Johns Arbeit mit und zeichnet die Weltkarte mit ihren 24 Zeitzonen, die auf den Schaft geätzt wird. Grafikdozent Friedrich Panndorf entwirft die barocken Ziffern für den Stundenring. Adam Kurtz, freischaffender Maler und Grafiker, gießt die Ziffern und belegt sie mit echtem Blattgold. Außerdem emailliert er die bunten Kupferplatten in den vorgegebenen Farben. Erich John sieht nicht irgendwelche Farbtöne vor – er orientiert sich am Goethe'schen Farbkreis und zieht die 1820 vom Dichterfürsten aus Weimar veröffentlichte Farbenlehre heran, um die Tageszeiten auf seiner Uhr zu verdeutlichen. Gelborange als wärmster Farbton steht für zwölf Uhr mittags, Tiefblau für Mitternacht. Emailliert wird im VEB Eisen- und Hüttenwerke Thale im Harz. Aus allen Teilen der Republik werden Kapazitäten herangezogen, 120 Menschen sind letztlich an Erich Johns Weltzeituhr beteiligt – eine wahre Gemeinschaftsarbeit.

Den Bau eines solchen Unikats mit den limitierten Ressourcen der DDR-Wirtschaft zu stemmen ist, gelinde gesagt, eine Herausforderung. Erich John steht täglich morgens um fünf Uhr auf. Um halb sieben sitzt er bereits in der Hochschule, um alle Gewerke und Aufträge zu koordinieren. Er telefoniert mit Betrieben und Baustoffhandlungen, um aus allen Ecken und Enden der DDR Kabel, Stahl und Schrauben bis hin zu Motoren und Getrieben zu beschaffen. Sein Hochschulbüro darf er als Koordinationszentrale nutzen. Die Kunsthochschule unterstützt ihn, wo es nur geht. Noch hat niemand eine Ahnung, was die Weltzeituhr kosten wird. Der DDR-Ministerrat macht in drei Etappen Geld für das Projekt locker und überweist es der Hochschule. Das Hochschulsekretariat begleicht alle Rechnungen und zahlt die geleisteten Überstunden an die Feierabendbrigaden aus. Wenigstens die Buchhaltung wird dem Dozenten abgenommen. Pünktlich um acht Uhr morgens beginnt für Erich John die reguläre Lehrtätigkeit mit den Studenten, die ja weiterläuft. Jedes Wochenende fährt er mit dem Auto nach Rathenow. Seine Frau und seine Kinder – er hat inzwischen auch eine Tochter – sehen ihn kaum noch.

15 Grad pro Weltzeitzone

Der Industrieformgestalter denkt in komplexen Bahnen. Es reicht ihm nicht, eine Uhr zu bauen, er will die Zeit darstellen. Das ist gar nicht so einfach. Die Zeit nehmen wir wahr, weil sich der Stand der Sonne am Himmel verändert. Das heißt, geht die Sonne im Osten auf, ist es für uns morgens, geht sie unter, so ist es Abend. Und befindet sie sich auf der anderen Erdhalbkugel, ist es Nacht. Jedes Kind weiß natürlich, dass nicht die Sonne wandert, sondern die Erde sich innerhalb eines Tages einmal um sich selbst dreht. Im Verlauf von 24 Stunden durchläuft sie alle 24 Weltzeitzonen.

Zeitzonen sind eine Erfindung des Menschen, sie wurden erst Ende des 19. Jahrhunderts festgelegt. Zuvor besaß jeder Ort auf der Welt mehr oder weniger seine eigene Uhrzeit. Wenn die Sonne am höchsten stand, war es an diesem Ort eben zwölf Uhr mittags. Das konnte bedeuten, dass sich die Uhrzeit von Dorf zu Dorf um wenige Minuten oder um mehrere Stunden unterschied. Solange die Menschen nur langsam unterwegs waren, zu Fuß oder mit der Postkutsche, störte das niemanden. Aber je schneller sie sich fortbewegten, desto komplizierter wurde es. Mit Beginn der Telegrafie und dem Bau langer Eisenbahnstrecken musste man sich etwas einfallen lassen. Man brauchte eine genormte Zeit, damit Nachrichten richtig übermittelt werden und Züge pünktlich abfahren konnten. In Europa behalf man sich anfangs mit sogenannten Standardzeiten. Damals gab es zum Beispiel eine

Berliner Zeit, eine Pariser Zeit oder eine Genfer Zeit. Die ersten Zeitzonen wurden schließlich von nordamerikanischen Eisenbahngesellschaften eingeführt. Eine gute Idee, fanden viele Länder der Welt und luden 1884 zur Internationalen Meridiankonferenz nach England ein. Dort wurde festgelegt, dass der Nullmeridian, ein geografischer Längengrad vom Nord- bis zum Südpol, fortan durch die Londoner Sternwarte Greenwich verlaufen solle. Von hier aus werden seitdem die Zeitzonen gezählt, nach Ost und nach West. Auf der anderen Erdkugelhälfte treffen sich die Zeitzonen auf der Datumsgrenze. Das Ganze ist mathematisch errechnet: Einmal komplett um den Globus herum sind es 360 Grad. Teilt man 360 durch 24, also durch die Anzahl der Stunden eines Tages, kommt die Zahl 15 heraus. Somit beginnt alle 15 Grad eine neue Zeitzone.

Genau dieses Prinzip überträgt Erich John auf seine Weltzeituhr. Die Rotunde stellt – obwohl sie ein Zylinder ist – symbolisch den Erdball dar, auf dem sich rundherum 24 Zeitzonen erstrecken, im Winkel von je 15 Grad zueinander. Jeder Zeitzone ordnet Erich John zwei übereinander hängende Aluminiumplatten zu, auf denen Ortsnamen aus der betreffenden Zeitzone stehen. Auf den oberen Aluminiumplatten liest man Ortsnamen der nördlichen, auf den unteren der südlichen Halbkugel. Zwischen beiden verläuft der Stundenkranz, der den Äquator symbolisiert. In der Praxis wird die strikte Trennung zwischen Norden und Süden später aufgelöst, denn da immer mehr Orte der nördlichen Erdhalbkugel auf der Weltzeituhr ihren Eintrag finden, reicht der Platz auf den oberen Platten bald nicht mehr aus.

Die Weltzeituhr muss sich bewegen, soll sie die genauen Uhrzeiten anzeigen. Im Weltall dreht sich die Erde, und darum verändert sich für uns die Zeit. Auf dem Alexanderplatz in Berlin wird das galaktische Geschehen umgekehrt: Die Erde bleibt starr, und die Zeit dreht sich. »Die Stunden drehen sich in die Zeitzone hinein«, pflegt Erich John zu sagen. So weit die Theorie. Jetzt muss er diese Idee nur noch in die Praxis umsetzen. Weder der Hochschuldozent noch die Ingenieure können 1968 auf Computer zurückgreifen, um die Konstruktion zu berechnen. Sie stellen sich ans Reißbrett – an eine Zeichenmaschine wie die, mit der Erich John als 18-jähriger Berufsschüler das Türschloss für seine Gesellenprüfung gezeichnet hat.

Eine der kniffligen Fragen ist die, wie der Stundenring bewegt werden kann. Der Formgestalter will das Ganze wie eine Drehbühne aufbauen, doch er nimmt gerne den Ratschlag seiner Rathenower Kollegen an. »Das ist doch viel zu kompliziert«, winkt Chefkonstrukteur Horst Fleischhauer ab. »Wir machen eine Spinne daraus!« Schritt für Schritt wird getüftelt und ausprobiert. Die Zeit drängt, und es gibt kaum Material. Schließlich bringen die Ingenieure das Trabant-Getriebe ins Spiel. »Genial«, findet Erich John. »Die DDR-Automarke Trabant ist allgegenwärtig, die meisten in Rathenow fahren selbst einen Trabant und kennen sich mit dem Getriebe aus. Es ist einfach aufgebaut.« Er verhandelt mit dem VEB Sachsenring Automobilwerke Zwickau. Natürlich gilt hier wie überall die DDR-Planwirtschaft. Aber da Autoteile immer mal kaputtgehen, gibt es Reservegetriebe für Kfz-Werkstätten. Möglicherweise muss 1969 ein Trabi-Besitzer etwas länger auf seine Autoreparatur warten – die Feierabendbrigade der Rathenower Optischen Werke kann jedenfalls weiterbauen. Allerdings ist es ein Mythos, dass die Weltzeituhr wie ein Trabi funktioniert. Der Stundenring bewegt sich viel langsamer, als das originale Autogetriebe sich

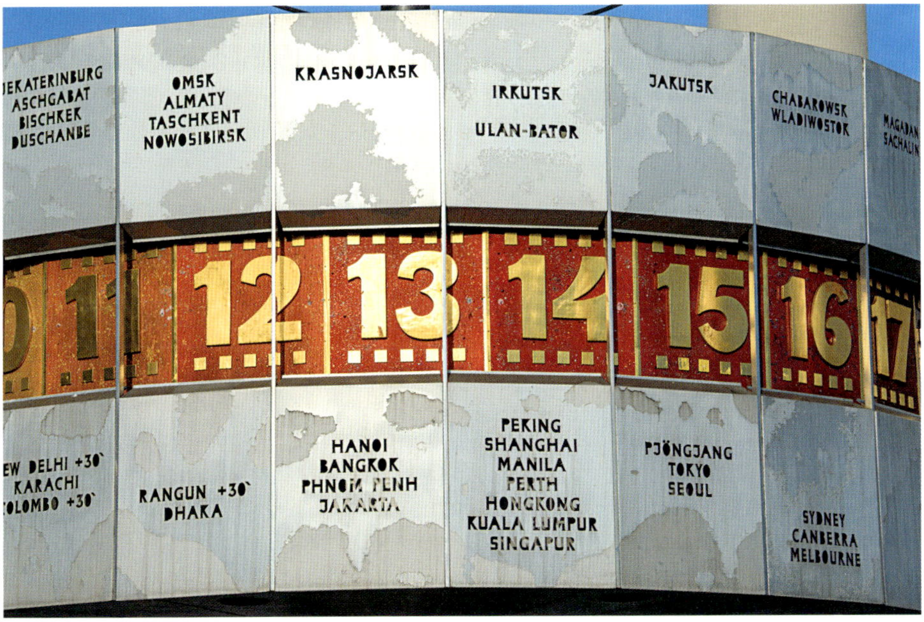

Spiegel der Zeit: Die Auswahl der Städtenamen auf der Uhr wurde mehrfach verändert

dreht. »Die Konstrukteure berechnen die Umdrehungsgeschwindigkeit neu. Die Musterbauer zerlegen das Getriebe in seine Einzelteile und setzen die Zahnräder neu zusammen. Ich wusste, dass sie clever sind!«, freut sich der Formgestalter noch fünf Jahrzehnte später.

Bald taucht die nächste Hürde auf: Das Getriebe wird von einem Elektromotor angetrieben, der mit einer Wechselstromfrequenz von fünfzig Hertz läuft. Doch leider ist die Stromzufuhr in DDR-Netzen nicht immer konstant. Wieder müssen sich die Konstrukteure etwas einfallen lassen, und wieder finden sie eine einfache Lösung für das Problem: Der Stundenring wird vor jeder vollen Stunde kurz angehalten, die Uhrzeit automatisch überprüft und notfalls korrigiert. So ist gesichert, dass die Weltzeituhr wirklich genau geht. Wäre ja sonst peinlich!

Oberhalb der Rotunde soll sich ein stilisiertes Sonnensystem drehen, aber schneller als der Stundenring, genau einmal pro Minute. Dafür organisiert Erich John ein zweites Getriebe, diesmal in Coswig in Sachsen-Anhalt. Wie so oft transportiert er auch dieses Bauteil mit seinem privaten Skoda-Kombi. »Als ich im Werk das Getriebe aufladen lasse, geht mein Auto fast in die Grätsche. Die Räder stehen schräg nach außen. Das Getriebe wiegt eine viertel Tonne!« Doch der tschechische Pkw erweist sich als robust und übersteht die Fahrt nach Rathenow glücklicherweise ohne Panne.

Kreuz und quer tourt der Hochschuldozent durch die ostdeutsche Republik, um zentnerweise Material und jedes noch so kuriose Bauteil heranzuschaffen. Nichts kann er aus einer Lieferliste oder gar einem Katalog bestellen. Vor ein echtes Problem stellen ihn die Planeten des geplanten Sonnensystems. Die silberglänzenden Kugeln muss er als Unikate anfertigen lassen. Er braucht mehrere Kugelgrößen, die Planeten sind ja unterschiedlich groß. Mit Mühe hat er eine Metalldrückerei in

Blick aus dem Inneren der Rotunde auf das Sonnensystem oberhalb der Weltzeituhr

Berlin-Lichtenberg aufgetan. Dort, wo sonst Töpfe und Bratpfannen in Form gedrückt werden, könnten die Mitarbeiter Aluminiumplatten zu Planeten umformen – wenn sie denn große Holzkugeln hätten. Erich John telefoniert sämtliche Großbetriebe ab und erntet eine Absage nach der anderen. Beinahe mit den Nerven am Ende, stattet er dem VEB Berliner Werkzeugmaschinenfabrik in Berlin-Marzahn einen Besuch ab. Der Angestellte dort kann sich nicht vorstellen, dass sie hier solche Kugeln haben, lässt Erich John aber das Lager inspizieren. Der traut seinen Augen kaum. Da sind sie! Kumpelhaft erlaubt ihm der Mitarbeiter, sie einfach mitzunehmen. Man hilft sich, wo man kann. Der sonst so präzise Industrieformgestalter erspart es sich, weiter über Größenverhältnisse nachzudenken – Hauptsache, es geht weiter. Jupiter, der Riesenplanet in unserem Sonnensystem, ist darum nur unwesentlich größer als der minikleine Pluto, der damals noch als vollwertiger Planet gilt. Er verliert diesen Status erst 2006 und wird seitdem von Wissenschaftlern lediglich als Zwergplanet anerkannt. Doch Pluto darf trotz seiner Degradierung bis heute auf der Weltzeituhr bleiben.

Kleine Wunder

Es ist März 1968. Für sein Mammutprojekt Weltzeituhr benötigt Erich John zwei große Kugellager mit einem Durchmesser von 1,2 Meter. Beim VEB Kranbau Eberswalde wird er fündig. Ja, Kugellager könne er bestellen, bekommt er zu hören. Er freut sich, allerdings nur ganz kurz. Als die Mitarbeiter erfahren, dass er die Kugellager in drei Monaten braucht, lachen sie ihn rundweg aus. »Drei Monate? Niemals. Frühestens in zwei Jahren!« Planwirtschaft eben. Die bereits hergestellten Kugellager sind bestimmt für Kräne, die größtenteils exportiert werden. Da ist nichts zu machen. Der Weltzeituhr-Erfinder hat die Nase voll. Er ist drauf und dran, alles hinzuschmeißen.

Doch die Pflicht ruft ihn zunächst zur Leipziger Frühjahrsmesse. Er streift durch die Hallen und hält heimlich Ausschau nach Kugellagern. Plötzlich bekommt er große Augen. Am Stand des Großwälzlagerherstellers Rothe Erde mit Sitz in Dortmund entdeckt er genau jene Kugellager, die er für die Weltzeituhr braucht. Die Tücke: Rothe Erde ist ein westdeutsches Unternehmen. Der Ost-Designer fragt trotzdem am Messestand nach, erkundigt sich vor allem nach der Lieferzeit. »Drei Monate? Kein Problem! Die Kugellager können sie haben. Beide zusammen kosten 10 000 Mark.« West-Mark, wohlgemerkt. Jetzt setzt Erich John alles auf eine Karte. Er schreibt direkt an das SED-Zentralkomitee und lässt keinen Zweifel aufkommen: »Entweder ich bekomme die 10 000 D-Mark für die Kugellager, oder das Projekt Weltzeituhr für den Alex ist gestorben.« Wieder geschieht ein Wunder: Er erhält prompt die Zusage für die raren Devisen. Ein Husarenstück nennt das Konstrukteur Rolf Merkel bewundernd. Dass jemand Westgeld für ein Projekt bekommt, ist die absolute Ausnahme.

Kurz darauf bestellt Erich John in Dortmund – und steht sogleich vor der nächsten Hürde. »Wie kriege ich die Kugellager nach Rathenow?« Die deutsch-deutsche Grenze ist für solch einen außerordentlichen Transport undurchlässig. Ausschließlich Deutrans, ein in Magdeburg ansässiges Unternehmen, darf Güter von der Bundesrepublik Deutschland in die Deutsche Demokratische Republik transportieren. Wieder muss der Industriedesigner verhandeln. Schließlich übernimmt Deutrans den Transport, allerdings nur bis Magdeburg. Das Unternehmen Rothe Erde liefert pünktlich, nach drei Monaten überqueren die West-Kugellager für die Ost-Prestigeuhr die innerdeutsche Grenze. Irgendwie kommen sie in Rathenow an – Erich John kann sich nicht mehr erinnern, wie. Ist ja auch egal. Er muss alles in seiner Freizeit organisieren, und dieser zweite Fulltime-Job zehrt langsam an seinen Nerven. Aber es geht unablässig weiter.

Einfach, aber stabil: Die Weltzeituhr von innen

Er muss endlich festlegen, für welche Städte die Stunde schlagen soll, welche Namen in die Aluminiumplatten gesägt werden sollen. Aber wer in der DDR weiß schon, welcher Ort in welcher Zeitzone liegt? Bei den Hauptstädten des sozialistischen Ostblocks ist das noch relativ einfach: Man kann notfalls in Moskau, Prag, Warschau oder Sofia anrufen und nach der Uhrzeit fragen. Aber Honolulu, die Azoren, Quito oder Bangkok? Kein DDR-Bürger hat Kontakte in die betreffenden Länder! »Bloß kein Risiko eingehen«, denkt sich der Industriedesigner und beauftragt die einzige Institution in der DDR, die eine Antwort auf seine Fragen haben könnte: das Geodätische Institut Potsdam, das in der DDR sämtliche Landkarten erstellt. Erich John lässt die Geografen jeden einzelnen Städtenamen für seine Weltzeituhr zuordnen. Ironie der Geschichte: In der abgeschotteten DDR irren sich sogar die Experten. Am Ende sind von den 80 Ortsnamen 23 – mehr als jeder vierte! – in einer falschen Zeitzone platziert. Das hat Diplom-Ingenieur Robert Burgaß nach dem Ende der DDR aufgeschlüsselt. Na ja, nachprüfen konnte das in der DDR über viele Jahre sowieso niemand.

Einige Städte auf Johns Liste werden von vornherein gestrichen, weil sie politisch nicht ins Konzept passen. So darf zum Beispiel Bonn, seit 1949 die Hauptstadt der Bundesrepublik Deutschland, nicht auftauchen. Auch Athen fehlt. Der Grund dafür: In Griechenland herrscht zu jener Zeit eine Militärdiktatur. Johns Protest dagegen, ausgerechnet die Wiege der europäischen Kultur zu ignorieren, läuft ins Leere. Glücklicherweise betrachtet er die Weltzeituhr als ein flexibles Bauwerk. Er hat sie so konzipiert, dass sich die Städtetafeln mit wenigen Handgriffen austauschen und um neue Namen ergänzen lassen. Verändert sich die Welt, geht die Weltzeituhr mit der Zeit. Dank dieser klugen Konstruktion ist es möglich, bei der ersten Restaurierung der Uhr 1985 viele neue Städtenamen aus der Sowjetunion und Afrika, aber endlich auch Athen, Kopenhagen, Wien, Bern und Rom hinzuzufügen. 1997, nach der Wiedervereinigung, kommen schließlich auf ausdrücklichen Wunsch des Regierenden Bürgermeisters erneut einige Namen hinzu, etwa Berlins Partnerstadt Istanbul.

Für die Ortsnamen entwirft Erich John eine eigene, moderne – er sagt »zeitlose« – Schrift. Seine Ehefrau Brigitta-Maria legt mit Hand an. Die Grafikerin zeichnet alle Buchstaben auf die 48 Aluminiumplatten, damit Kunstschmied Kunsch sie aussägen kann. Familie John ist im Juli 1968 aus der kleinen Wohnung in Hohenschönhausen in ein hübsches, wenn auch stark sanierungsbedürftiges Einfamilienhaus in Berlin-Biesdorf gezogen. Im Keller stapeln sich zeitweise sämtliche Aluminiumplatten.

Immerhin bildet der Schaft, auf dem die Rotunde steht, die ganze Welt ab, hier verlangt die SED-Bezirksleitung keine weißen Flecke. Nur die Antarktis fehlt, denn sie ist zwar auf einer Kugel gut darstellbar, auf einer Säule hingegen wäre dieser Kontinent nur ein schmaler Streifen am unteren Rand. Um die Weltkarte mitsamt ihren Längen- und Breitengraden auf den Schaft zu ätzen, arbeitet Erich John wieder mit seiner Frau zusammen. Gemeinsam mit der Firma Kunsch experimentieren sie lange herum, um die richtige Substanz zu finden. »Die schon gebogenen Aluminiumplatten können wir mit Schwefelsäure ätzen. Aber womit decken wir die Strukturen ab, die nicht weggeätzt werden sollen? Wir probieren vieles aus. Schließlich mischen wir Asphalt mit Gummiarabikum, einem Kleber, und Kolophonium, einem Harz, mit dem man normalerweise Geigenbögen behandelt.« Mit dem Gemisch streichen sie die Stellen ein, die stehen bleiben und nicht entfernt werden sollen. Die Platten für den Schaft sind vier Meter lang. Auf dem Hof der Kunstschmiedefirma Kunsch bauen sie extragroße Wannen, um die Teile komplett in das Schwefelsäurebad

So tickt die Weltzeituhr: Ein Elektromotor treibt ein umgebautes Trabant-Getriebe an

eintauchen zu können – eine gefährliche und gesundheitsschädliche Angelegenheit. Zumindest heute würde das Verfahren gegen sämtliche arbeitsschutzrechtliche Bestimmungen verstoßen. Doch damals schaut noch niemand so genau hin. »Der Plan geht auf. Alles bis auf die Weltkarte wird drei Millimeter tief weggeätzt. Am Ende steht eine glänzende Säule da.« Erich John ist überaus stolz, als das geschafft ist.

Heute fragt man sich vielleicht verwundert: Da ist eine Weltkarte auf dem Säulenschaft? Leider kratzen Menschen immer wieder ihre Namen oder sonstige Botschaften in das weiche Aluminium. Bei der Restaurierung der Weltzeituhr 1997 wird die Oberfläche so gründlich gereinigt und abgeschliffen, dass die Struktur kaum mehr hervortritt. Wer genau hinschaut, erkennt die Weltkarte aber noch.

Tauchsieder auf dem Alex

»Während des Baus der Weltzeituhr empfinde ich gleichermaßen Spaß an der Arbeit und die Angst im Nacken, das große Projekt nicht zu schaffen«, bekennt Erich John. »Anders als die Feierabendbrigaden, deren Mitarbeit nur per Handschlag besiegelt wurde, habe ich einen regulären Vertrag, unterschrieben von Berlins Oberbürgermeister, der Kunsthochschule und mir. Mich rettet wohl, dass ich zu jedem Mitarbeiter ein enges Verhältnis aufbaue. Mit den Konstrukteuren Horst Fleischhauer von den Rathenower Optischen Werken und Rainer Winkler vom Wasseraufbereitungsanlagenbau bin ich befreundet. Die Uhr wird in Rathenow unter freiem Himmel gebaut. Der Sommer 1969 ist unheimlich heiß, auch abends kühlt es kaum ab. Wir schwitzen alle, aber wir arbeiten mit Begeisterung zusammen.«

Elektroanlagen im Keller der Weltzeituhr

Es ist bereits August 1969. Die Bauarbeiten gehen gut voran. Das Tiefbauamt des Magistrats hat den Bau des Kellers unter der Weltzeituhr übernommen. Er ist fix und fertig und misst fünf Meter im Quadrat. Aus den weiß gestrichenen Wänden ragen dicke Kabel für Starkstromanschlüsse heraus. Die braucht die Stadtverwaltung für Großveranstaltungen mit Bühnen, für Kundgebungen oder den Weihnachtsmarkt auf dem Alexanderplatz. Auch für die Uhr sind schon alle Elektroanschlüsse installiert, in Reih und Glied hängen gusseiserne dunkelgrüne Stromkästen.

Der Schaft der Weltzeituhr ragt bereits aus dem Keller heraus. Erich John will nach dem Rechten sehen und erkennt schon vom S-Bahnhof Alexanderplatz aus: Da stimmt was nicht! Aus dem Keller, über dem in Kürze die Uhr schweben soll, steigt Rauch auf. Brennt es dort etwa? Ihm rutscht das Herz in die Hose, und er rennt hin. Doch was da emporsteigt, ist kein Rauch, es ist Dampf – der Keller steht randvoll mit kochendem Wasser! Was ist passiert? »Es hat kurz zuvor einen regelrechten Wolkenbruch gegeben, und der Keller lief voll. Das Regenwasser drückte die Isolierknete der Starkstromkabel weg. Die Kabel stehen unter Strom und wirken wie ein Tauchsieder.« Er schaut sich hilflos um. In diesem Augenblick rückt die Feuerwehr an. »Hat die das etwa schon bemerkt?«, hofft er verzweifelt. Doch leider nein. Die Feuerwehr fährt vor, um das ebenfalls vollgelaufene Lager des Centrum-Warenhauses auszupumpen. Erich John drückt dem Einsatzleiter 20 Mark in die Hand und fleht ihn an, das Fundament der Weltzeituhr trockenzulegen. Die Feuerwehrmänner helfen sofort. Sie pumpen das heiße Wasser aus dem Kellergeschoss heraus. Erich John ruft aufgeregt die Feierabendbrigade der Elektro-Zentrale Rathenow an. In Eile reist sie an, um zu retten, was zu retten ist. Als alles getrocknet ist, stellen die Männer fest, dass das kochende Wasser nichts, aber auch gar nichts beschädigt hat. Sie können stolz auf sich sein, denn sie haben ganze

Arbeit geleistet. Großes Aufatmen. Das Stahlgerippe aus Rathenow kann sich also in Bewegung setzen und am Alex Platz nehmen.

So hat unsere Geschichte begonnen. Die Rotunde wird aufgeschraubt, alle Kupfer- und Aluminiumplatten der Firma Kunsch werden angeliefert, eingehängt und mit nur wenigen Schrauben befestigt. Ein Glück, dass die Abmessungen passen! Was an den verschiedensten Orten der Republik vorgefertigt wurde, wird auf dem Alexanderplatz erstmals zusammengefügt. Die in der DDR gern gepriesene Kollektivarbeit hat hier hervorragend funktioniert. Zum Schluss wird an den Schaft in jeder Himmelsrichtung je eine handelsübliche Zeigeruhr angeschraubt – eine Reminiszenz an die historischen Urania-Säulen. Die Uhren zeigen minutengenau an, wie spät es in Berlin ist – der perfekte Treffpunkt für Verabredungen. Der Testlauf ergibt: Alles funktioniert wie vorgesehen.

Schlüssel fürs Schnäppchen

Am 30. September 1969 übergibt Erich John symbolisch den Schlüssel für die Weltzeituhr an den Berliner Oberbürgermeister Kurt Fechner – rechtzeitig zum Jubiläum der Republik am 7. Oktober. Die Jubelfeiern zum zwanzigsten Gründungstag der DDR können beginnen. Allmählich fällt die Anspannung der vergangenen neun Monate von Erich John ab. Er feiert mit allen 120 Beteiligten in den Ateliers der Kunsthochschule Weißensee am Monbijoupark gegenüber der Museumsinsel. Es hagelt Glückwünsche, und der 37-Jährige wird gefeiert wie ein Rockstar. »Meine Kollegen der Feierabendbrigaden packen mich und werfen mich mehrfach in die Luft.« Er freut sich. Doch die Zeit war hart. Wenig später bricht er in der Kunsthochschule fast zusammen. Sein Kreislauf macht schlapp. John wird für zwei Wochen zur Kur nach Kühlungsborn an der Ostsee geschickt.

Sein Skoda hat nach unendlich vielen Transportkilometern den Geist aufgegeben. Als Anerkennung für seine Arbeit rückt Johns Anmeldung für ein neues Auto auf der Liste weiter nach vorn. 1969 wartet man mindestens sechs Jahre auf einen Wartburg, später dauert es noch länger. Der Hochschuldozent darf das Auto mit dem von ihm entworfenen Lenkrad schon nach sechs Monaten abholen. Er freut sich riesig. So einfach ist es in der DDR, Menschen glücklich zu machen. Den Wartburg bezahlt er aus eigener Tasche.

Die Kunsthochschule Weißensee macht Kassensturz. Rektor Walter Womacka hat das Geld für den Bau der Weltzeituhr, das der DDR-Ministerrat in drei Raten überwiesen hatte, verwaltet. Alle Überstunden der Feierabendbrigaden sind ausbezahlt, sämtliche Rechnungen – von Schrauben über Getriebe bis hin zu den Aluminiumplatten – beglichen. Auch die 10 000 D-Mark für die beiden Kugellager aus Westdeutschland wurden gezahlt. Keiner wusste vorher, was der Bau der Weltzeituhr letztendlich kosten wird. Der Berliner Magistrat beauftragt eine Firma damit, die Kosten nachzuprüfen. Die Experten errechnen 480 000 Mark – genau die Summe, die die Kunsthochschule Weißensee bekommen hat. Gleichzeitig schicken die Prüfer

Ein Ort für gedankliche Reisen um die ganze Welt: Die Weltzeituhr nach der Restaurierung 1985

ein schmeichelhaftes Ergebnis hinterher: Ein VEB, ein volkseigener Betrieb, hätte die Leistung für diesen Preis niemals erbringen können, heißt es. Demnach ist die Weltzeituhr ein echtes Schnäppchen! Nur zum Vergleich: Die Kosten für den benachbarten Berliner Fernsehturm, der wenige Tage später, am 3. Oktober 1969, eröffnet wird, werden auf mindestens 132 Millionen Mark beziffert. Klar, der Turm ist wirklich viel höher, aber ist er auch 275-mal wertvoller? »Und unsere Weltzeituhr-Mannschaft übernimmt noch leichtfertig fünf Jahre Garantie!«, stöhnt Erich John. Doch er kann aufatmen: »Wir müssen das glücklicherweise nicht bereuen. Die Uhr läuft stabil.« Auch nach fünfzig Jahren noch, wie man sieht.

Zeichenhafte Uhr

Die Reaktionen auf die Weltzeituhr am Alexanderplatz fallen unterschiedlich aus. Erich Johns Hochschulkollege Selman Selmanagić fragt empört: »John, was hast du da gemacht? Das versteht kein Mensch.« Stimmt so aber nicht. Die Menschen verstehen vielleicht nicht jedes Detail der ausgeklügelten Konstruktion. Aber lesen können sie die Weltzeituhr durchaus, und sie gehen mit ihr zumindest gedanklich auf Reisen. »Am wenigsten fremdeln die Kinder«, beobachtet der Formgestalter.

»Sie wissen aus der Schule, dass sich die Erde dreht und genau dadurch die Zeit bestimmt wird. Mit ihren Eltern und Großeltern stehen sie vor der Uhr und erklären ihnen notfalls, wie sie tickt.« Die Menschen lieben die Weltzeituhr. Sie wird – wie erhofft – zu einem äußerst populären Treffpunkt. Hier verabreden sich Freunde, Familienangehörige und Liebespaare. Ost-Berliner nehmen sie genauso an wie die Besucher aus dem Westen, wenn diese ihre Verwandtschaft im Osten treffen wollen. Bestimmt stehen manchmal auch auffällig unauffällige Beobachter des Ministeriums für Staatssicherheit in der Nähe der Uhr. Für Bürger aus allen Teilen der DDR gehört ein Abstecher zum neu gestalteten Alexanderplatz dazu, wenn sie Berlin einen Besuch abstatten.

Die Weltzeituhr wird jedenfalls berühmt und zum Wahrzeichen für den Alex. Ein Vorzeigebauwerk für den wissenschaftlich-technischen Fortschritt der DDR ist sie obendrein. Bei einer Podiumsdiskussion sitzt Erich John neben Hermann Henselmann, dem renommierten Chefarchitekten des Berliner Magistrats. Henselmann ist bekannt für seine DDR-Prestigeprojekte wie die Wohnhäuser der Stalinallee, das Haus des Lehrers, die Kongresshalle am Alexanderplatz und nicht zuletzt den Fernsehturm. Auf dem Podium wendet er sich an seinen jüngeren Gesprächspartner: »Die Weltzeituhr ist eine gute Sache«, sagt er. »Sie hat Zeichenhaftigkeit.« Das ist ein Kompliment, das Erich John sehr freut. Tatsächlich ist das von ihm entworfene Design unverwechselbar und sinnbildlich. »Jeder, der das Ding sieht, kann es sofort aufmalen.«

1977 wird Erich John erneut beauftragt, eine

1977 entwarf John auch für Leipzig eine Weltzeituhr – vergeblich

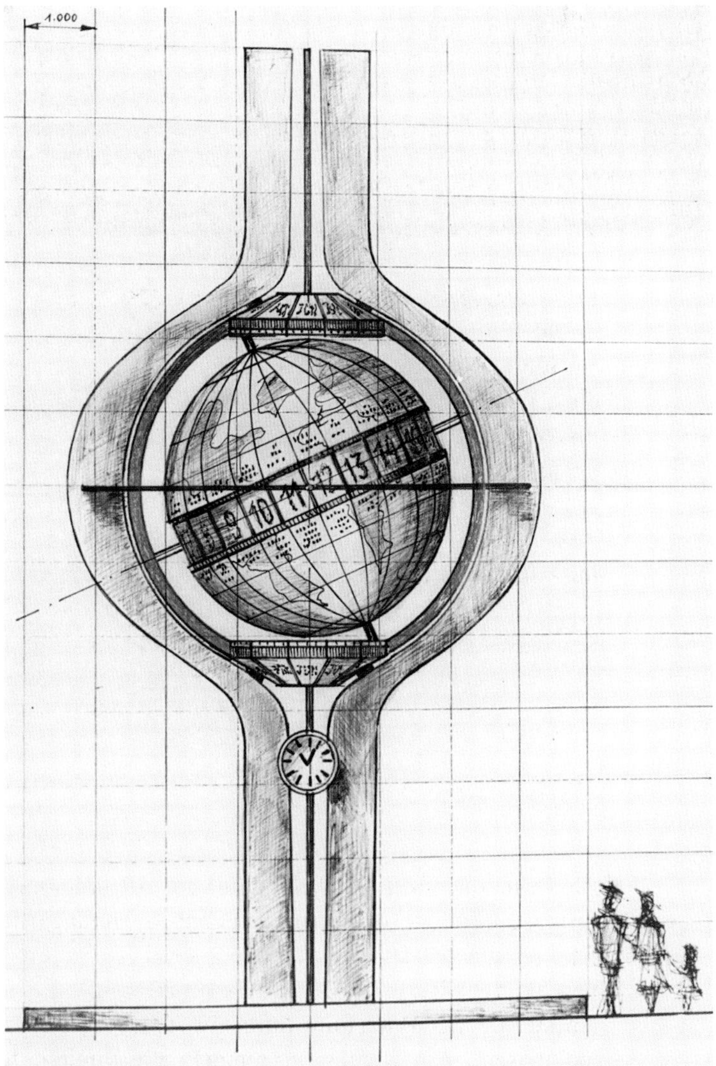

Weltzeituhr zu entwerfen. Die sächsische Messestadt Leipzig tritt mit dieser Bitte an ihn heran. Er legt sich richtig ins Zeug. Die zweite Uhr soll noch besser und präziser werden als ihre Vorgängerin in Berlin. Eine »astronomische Großuhr« planen Horst Fleischhauer, Chefkonstrukteur der Rathenower Optischen Werke, und Erich John. Neben Sekunden, Minuten und Stunden sollen Tage und Monate bis hin zu den Jahreszeiten ablesbar sein. Das Projekt gedeiht bis zum Vorentwurf. Der Leipziger Oberbürgermeister äußert sich euphorisch. Trotzdem flattert bald eine Absage ins Haus. Für derartige Projekte sei nun leider doch kein Geld da. Die geplanten Mittel müssten stattdessen in weitere Plattenbausiedlungen investiert werden. »Dies erscheint mir angesichts der katastrophalen Wohnungssituation in Leipzig sehr sinnvoll«, beteuert Erich John. »Allerdings wäre diese Uhr ein tolles Ding geworden!« Auch die mecklenburgische Stadt Neubrandenburg liebäugelt mit einer Stadtuhr des Weltzeituhr-Designers, die auf einer Kreuzung aufgestellt werden und in alle vier Richtungen die Zeit anzeigen soll. Der Entwurf wird jedoch von der SED-Bezirksleitung als zu formalistisch abgelehnt.

So bleibt die Weltzeituhr auf dem Alexanderplatz Erich Johns einziger Zeitmesser. Immer wieder wird sie in Tageszeitungen erwähnt, und im DDR-Fernsehen ist sie ein gern gezeigtes Motiv. Unter ihr treffen sich Jugendliche zu den X. Weltfestspielen 1973, zu den Pfingsttreffen der FDJ, zu Kundgebungen und großen Solidaritätsbasaren der Presse. Die DDR lässt das Abbild des Bauwerks sogar auf eine 5-Mark-Sondermünze prägen und auf eine Briefmarke drucken. Doch von den Rathenower Ingenieuren und Handwerkern spricht niemand, und auch der Name des Erfinders taucht nirgendwo auf. Nur in Kollegenkreisen ist Erich John jetzt eine nicht mehr wegzudenkende Größe.

Notfallpavillon als Imbissstand

Erich John widmet sich wieder intensiv seiner Hochschularbeit. Von seinem Vorgesetzten, Professor Rudi Högner, erhält er den Auftrag, die studentische Ausbildung für die Disziplin Formgestaltung neu zu konzipieren. Für die ästhetisch-künstlerische Grundausbildung verpflichtet er die Formgestalterin Christa Petroff-Bohne. »Zusätzlich hole ich einen Modellbauer an die Kunsthochschule und einen Dozenten, der die Studenten in Ingenieurtechnik einführt. Jeder Industriedesigner braucht schließlich technisches Verständnis! Das weiß ich seit meinen Stoßeinsätzen in den Betrieben.« Seine Kontakte zur Industrie bringt er in die Lehre ein.

Als Rudi Högner 1972 in Rente geht, schlägt er seinen einstigen Studenten der ersten Formgestalter-Generation als Nachfolger vor. 1973 wird Erich John zum Professor für Formgestaltung berufen. Er leitet jetzt den Fachbereich, in dem er einst selbst studierte. Dass er nur sechs Jahre lang eine allgemeinbildende Schule besucht hat, ist nun endgültig vergessen.

Im Laufe der Jahre betreut er unzählige Studienarbeiten. In einem Projekt befassen sich seine Studenten des vierten Studienjahrs mit Unterkünften nach Katastrophenfällen. Die UNESCO hat dazu einen Wettbewerb ausgeschrieben, an dem sich die Kunsthochschule beteiligen will. Die Studenten und der Professor entwickeln mehrere Varianten von Glasfaser-Polyester-Pavillons, die schnell und praktisch zu montieren sind. Leider verpassen sie den Abgabetermin – schuld ist ein Übermittlungsfehler. Alle sind bitter enttäuscht. Aber die Geschichte ist damit nicht zu Ende.

Im Herbst 1975 beschäftigt sich Erich John erneut mit der Gestaltung des Alexanderplatzes. Walter Womacka beauftragt ihn, ein Auffrischungskonzept zu entwickeln und die angrenzenden Straßen – Karl-Liebknecht-Straße, Rathausstraße und Dircksenstraße – miteinzubeziehen. Wieder ist der Anlass ein wichtiger Termin: Diesmal steht der IX. SED-Parteitag im Mai 1976 vor der Tür. Es ist der erste Parteitag, der im Palast der Republik stattfinden wird. An dem wird noch unter Hochdruck gebaut. Wenn die Genossen bald aus allen Winkeln Ostdeutschlands anreisen und den Marmor-Glas-Palast des Volkes bestaunen, soll auch das Umfeld glänzen. »Die Fußgängerzone entlang der S-Bahn befindet sich in einem trostlosen Zustand«, schüttelt Erich John den Kopf. »Kaum attraktive Geschäfte! Cafés oder Gastronomie? Fehlanzeige.« Nach dem Kraftakt für den Palast der Republik soll die »Aufhübschung« der Umgebung allerdings so gut wie nichts kosten.

In der Kunsthochschule Weißensee sind die Abschlussprüfungen geschafft. Die Studenten stellen ihre Arbeiten aus. Vertreter des Berliner Magistrats sind als offizielle Gäste eingeladen. Als sie die Modelle für die UNESCO-Pavillons entdecken, wittern sie eine Lösung für ihr Stadtplanungsproblem. Aus Katastrophenschutz-Behausungen werden kurzerhand Imbiss- und Souvenirtempel. In Windeseile

1976 am Alexanderplatz aufgebaut, bis in die 1990er-Jahre in Betrieb: Pavillons als Imbissstände

muss sich ein Betrieb zur Herstellung bereit erklären, doch auch das klappt. Die rot gestrichenen Pavillons, die eigentlich als Provisorium starteten, stehen schließlich viele Jahre lang an der Rathausstraße in Berlins Mitte. Die Handelsorganisation HO fährt gute Gewinne beim Verkauf der Zwischenmahlzeiten und Andenken ein. Der HO-Generaldirektor dankt Erich John persönlich und schickt ein Anerkennungsschreiben. Das hat Folgen: 1978 erhält der Professor die »Verdienstmedaille der Deutschen Demokratischen Republik«. Stadtplanung ist manchmal purer Zufall!

Reisekader mit Privilegien

Die Mitglieder im Verband Bildender Künstler der DDR wählen Erich John 1966 zum Sektionssprecher für Formgestaltung und Kunsthandwerk. Vier Jahre später wird er Vizepräsident des Verbandes – nach geheimer Wahl, darauf legt John Wert. Die Verbandstätigkeit bedeutet zwar viel Arbeit, ist aber gleichzeitig eine grandiose Quelle für Inspiration von außen. Dass er Vorlesungen an der berühmten Mukhina-Kunstschule in Leningrad hält, ist für DDR-Verhältnisse nicht weiter erstaunlich. Kooperationen im Ostblock sind erwünscht. In der Sowjetunion lässt er sich dolmetschen, denn sein Russisch reicht höchstens für Small Talk. Dafür braucht er zunehmend seine Englischkenntnisse, die er mit Intensivkursen auffrischt. Denn Erich John ist sogenannter Reisekader, was bedeutet, dass er als DDR-Bürger beruflich ins kapitalistische Ausland fahren darf. Diesen Status behält er auch, als er 1974 seinen Posten als Vizepräsident im Verband Bildender Künstler der DDR aufgibt.

Die DDR bemüht sich um weltweite Anerkennung und tritt daher unter anderem sogar der Nichtregierungsorganisation Icsid (International Council of Societies of Industrial Design) bei, die weltweit das Industriedesign fördert. »Wir stellen den Schatzmeister«, sagt Erich John – mit »wir« meint er die DDR. Er wird zu Icsid-Kongressen nach Helsinki, Moskau, Washington und Mexico-City eingeladen. »Im Bus vom Hotel zum Kongress komme ich mit einer mexikanischen Designerin ins Gespräch. Sie freut sich, dass ich aus der DDR komme, denn ihr Onkel Josep lebt dort.« Ein komischer Zufall! Ihr Onkel ist der spanische Künstler Josep Renau, der als Kommunist ins Exil nach Mexiko gegangen war und 1958 von dort in die DDR übergesiedelt ist. In Halle-Neustadt und Erfurt hat er riesige Wandmosaike für das sozialistische Stadtbild gefertigt. Seine Nichte lädt Erich John nun ein, parallel zum Icsid-Kongress an der Universität von Mexico-City die Designausbildung an der Kunsthochschule Weißensee vorzustellen. Das ist heikel, hat er doch unterschrieben, bei seinen Dienstreisen keine Kontakte zu Ausländern zu knüpfen. Vielleicht wird er ja überwacht? Er wagt es dennoch.

Nach seinem Diavortrag spricht ihn der Design-Professor der Ohio State University an. Der aus Görlitz in Sachsen stammende Reinhart Butter hat an der Hochschule für Gestaltung in Ulm und anschließend in London studiert, bevor er in die

USA auswandert und schließlich in Ohio zum Professor für Industriedesign berufen worden ist. Er kümmert sich um den internationalen Austausch von Studenten und Gastdozenten. Reinhart Butter lädt seinen ostdeutschen Kollegen zum Essen ein, die beiden unterhalten sich den ganzen Abend. Am Ende fragt Butter: »Wollen wir einen Hochschulaustausch organisieren?« Er selbst würde gern einige Zeit in Berlin-Weißensee unterrichten, dafür solle Erich John an die Universität im US-Bundesstaat Ohio kommen. Was für eine irre Idee! »Ich erkläre, dass es mir nicht einmal erlaubt sei, mit ihm zu sprechen, und wie schwer sich die DDR mit dem Westen tue. Und ich schicke noch hinterher, dass er seinen Antrag gar nicht erst an die Hochschule zu schicken bräuchte, sondern gleich an das Ministerium für Kultur.« Erich John kehrt nach Berlin zurück und hat das Gespräch schon fast vergessen, als er ein halbes Jahr später ins Rektorat seiner Hochschule gerufen wird. Ein Brief aus den USA sei angekommen, über das Ministerium für Kultur, mit der Frage, ob wir ein Austauschprogramm hätten. Die Antwort des Ministeriums liegt gleich dabei: Kommt gar nicht infrage, die Amerikaner wollen nur Industriespionage betreiben. »Gut, sage ich mir – erledigt.« Ein halbes Jahr später fliegt US-Professor Reinhart Butter nach West-Berlin und reist am Grenzübergang Bahnhof Friedrichstraße nach Ost-Berlin ein. Beide Design-Professoren treffen sich konspirativ in einem Lokal an der Friedrichstraße. Endlich kann Erich John erzählen, warum es nicht klappt mit dem Austausch. »Wir geben nicht auf! Wir versuchen es weiter!«, verspricht der Gast.

Wieder ein halbes Jahr später, im Jahr 1981, liegt beim Rektorat erneut ein Brief der Ohio State University. Wieder kam er über das Ministerium für Kultur. Diesmal bittet die US-Universität nicht um einen Austausch, sondern macht ein lukratives Angebot – für eine Gastprofessur an der Ohio State auf den Namen Erich John. Es winken 12000 Dollar für vier Monate. Die DDR braucht Devisen. Darum, so glaubt John, ist das Ministerium diesmal aufgeschlossener. Er wird aufgefordert, sich für den Aufenthalt in den USA vorzubereiten. Über den Winter belegt er noch einmal einen Englisch-Intensivkurs in Berlin-Karlshorst, dort, wo Diplomaten und Wirtschaftsleute Englisch pauken. Das schlaucht – immerhin ist er bereits Ende vierzig. »Ich arbeite ein Lehrprogramm aus und schicke es in die USA«, erzählt John. »Im März kommt ein Telegramm aus Ohio mit der bangen Frage, ob ich die Gastprofessur nun antrete? Professor Butter nimmt ein Freisemester, er geht an eine Uni in England, und ich soll seinen Job übernehmen.« Plötzlich wird Erich John in die Künstler-Agentur der DDR einbestellt. Diese vermittelt normalerweise DDR-Künstlern Auftritte im kapitalistischen Ausland und regelt das Honorar sowie die Ein- und Ausreiseformalitäten. Gilt sein Lehrauftrag etwa als künstlerischer Auftritt? Wohl nicht. Allerdings ist die Gastprofessur eines DDR-Professors in den USA eine so einmalige Sache, dass sich keine andere Institution dafür zuständig fühlt. In der Agentur erfährt er: Seine Vermittlung kostet ihn 700 Dollar. Die Fahrtkosten seien von ihm selbst zu tragen. Während seines USA-Aufenthalts stünden ihm pro Tag 30 Dollar zu. Den Rest seines Honorars von 12000 Dollar müsse er nach seiner Rückkehr in Mark umtauschen. Erich John wird den Eindruck nicht los, verkauft worden zu sein. »Ich werde nur in die USA gelassen, um für die DDR ein paar Dollar zu verdienen.«

Immerhin werden ihm 250 D-Mark Reisegeld zugestanden. Dann drückt man ihm ein Flugticket einer tschechoslowakischen Airline in die Hand. Der Flug geht schon in zwei Tagen! Und nicht von Berlin aus, sondern von Prag! Jetzt wird es hektisch. In letzter Minute zieht er mit seinem Fotoapparat am Sonntagmorgen durch das Zentrum Ost-Berlins und knipst, was die DDR an Bauwerken zu bieten hat. Auch seine Weltzeituhr ist dabei. Dann packt er seine Koffer, und auf geht's ins Abenteuer.

Exot auf dem Rad

Ein Kulturschock! In Columbus, der Hauptstadt des US-Bundesstaates Ohio, angekommen, traut Erich John seinen Augen kaum: Mehr als fünfzigtausend Studentinnen und Studenten und fünftausend Mitarbeiter fasst die Ohio State University – sie ist eine der größten Universitäten der USA. »Geführt wird sie wie ein eigenständiges Unternehmen«, erinnert er sich. »Es ist ein weitläufiger Campus mit mehreren Eingängen, eigener Polizei und eigenen Gesetzen, sehr weltoffen. Die Studenten kommen über Austauschprogramme aus allen Teilen der Erde.« Am meisten überrascht den DDR-Bürger die Demonstrationsfreiheit, die 1982 in seiner ostdeutschen Heimat undenkbar ist: »Ich staune anfangs, dass jeden Mittag auf dem Campus Demonstrationen stattfinden. Täglich ist eine Stunde reserviert für Meinungsbekundungen jeglicher Art. Einmal predigen Christen, dann wieder demonstrieren Studenten mit roten Fahnen, chinesische Kommunisten mit Mao-Plakaten. Wo bin ich hier nur gelandet?« Die Weltoffenheit dieser Universität hat ihm offenbar die Gastprofessur eingebracht. »Meine neuen Kollegen sind neugierig, was ich von der Design-Ausbildung in der DDR berichten kann.«

Für seine Professorentätigkeit wird ihm im »Department of Industrial Design« ein Schreibtisch in einem Gemeinschaftsbüro zur Verfügung gestellt. Wohnen kann er in Reinhart Butters Reihenhaus, etwa acht Kilometer vom Campus entfernt. Gleich zu Beginn steht er vor einem Geldproblem. Als Reisegeld hat er keine Dollar, sondern nur 250 D-Mark erhalten, und das erste Gehalt kommt erst in einem Monat! »Bevor Reinhart Butter nach England aufbricht, leiht er mir 1000 Dollar, die ich ihm von meinem ersten Gehalt zurückzahle.« Aber wie kommt er täglich an die Universität? Acht Kilometer zu Fuß? Während die meisten Studenten mit dem eigenen Auto zur Uni kutschieren, kann sich der Gastprofessor nur ein gebrauchtes Fahrrad leisten – immerhin eines mit drei Gängen. Damit wird der Deutsche auf dem Campus sofort berühmt. Die Universitätszeitung nimmt die Geschichte sogleich auf: Ein Professor, der täglich mit dem Rad zur Uni fährt – welch ein Exot!

Noch nie hat Erich John Vorlesungen auf Englisch gehalten, geschweige denn Seminare bestritten. Trotz seiner jahrzehntelangen Design-Expertise fehlt ihm die Auslandserfahrung. »Mir ist angst und bange. Doch da ich immer mit denselben Menschen zusammen bin, bildet sich schnell ein gemeinsamer Wortschatz heraus. Die Studenten sind überrascht, wie intensiv ich mich als Professor um ihre

Arbeiten kümmere. Jede Woche nehme ich mir Zeit für zwei Stunden persönliche Konsultationen, so bin ich es aus Weißensee gewöhnt.« Eine Gruppe künftiger Produktdesigner erreicht bei ihm den Abschluss Bachelor of Arts. Mit den Innenarchitekten bearbeitet er einen externen Auftrag. »Wir richten Container zur kompletten Versorgung von Baustellen irgendwo auf der Welt ein. Mit Werkstätten und allem Drum und Dran. Sie erinnern an die Pavillons auf dem Alex.« Was er als Designer zu sagen hat, kommt an bei den Studenten.

Um über die DDR, den real existierenden Sozialismus aufzuklären, hält er einen Vortrag zum Thema »Ein Sonntagsspaziergang durch Ost-Berlin«. Dank der Fotos, die er kurz vor seiner überstürzten Abreise gemacht hat, verfügt er über genügend Bildmaterial. Mit einem Projektor wirft er nun Architektur- und Design-Beispiele aus dem sozialistischen Osten Berlins an die Wand: Fernsehturm, Alexanderplatz, Weltzeituhr, Palast der Republik. Die Zuhörer sind beeindruckt und fragen: Haben das alles die Russen hingestellt? »›Nee, nee‹, erwidere ich. ›Das ist schon in der DDR entstanden!‹ Dass Deutschland geteilt ist, wissen die meisten hier nicht. Für die Amerikaner bin ich einfach ein Deutscher, egal, ob aus Ost oder West.«

In den Supermärkten staunt der DDR-Bürger über zwanzig Meter lange Fleischtheken. Erich John genießt seine neu gewonnene Freiheit. Seine amerikanischen Kollegen laden ihn zu Ausflügen und zum Barbecue ein. Mit seinen Studenten zieht er nachts durch die Kneipen. Mit den 30 Dollar Taschengeld kann er keine großen Sprünge machen, aber er reist trotzdem umher und fotografiert, wo immer er hinkommt. Er erlaubt sich, eine Woche lang New York zu durchstreifen: Central Park, Harlem, Museum of Modern Art. All die neuen Eindrücke saugt er in sich auf.

Die vier Monate vergehen wie im Flug. Erich John meistert die Herausforderung. Am Ende erhält er vom »Department of Industrial Design« das Angebot, an der Ohio State University zu bleiben. Es sei gerade eine Stelle frei geworden. Er fühlt sich geehrt, die Dozentenstelle aber schlägt er aus. Warum? »Ich habe eine Familie in Berlin. Außerdem denke ich mir: Wenn ich nicht zurückkehre, dann kommt niemand meiner Kollegen jemals mehr aus der DDR heraus. Ich bin loyal, auch weil mir, einem geflüchteten Sechstklässler, diese großartige Ausbildung und diese berufliche Entwicklung ermöglicht wurden. Bei all der Kritik an den Verhältnissen in der DDR bin ich dem Land dankbar.« Der Fünfzigjährige nimmt, wie mit den Behörden vereinbart, den gebuchten Flug zurück in die DDR. 3000 Dollar sind von seinem Gehalt übrig geblieben. Überweisen kann er sie nicht, denn zwischen den USA und der DDR gibt es keinen Bankverkehr. Ob er so viel Geld mitnehmen darf? Kurzerhand präpariert er Einlegesohlen, klebt sie in seine Schuhe und läuft auf 3000 Dollar durch die Zollkontrollen. »Die teuersten Schuhe meines Lebens«, sagt Erich John und grinst. Wieder daheim, bezahlt er die Flüge und die Vermittlungsgebühren. Den Rest des Geldes tauscht er bei der Staatsbank der DDR zu einem lächerlichen Umtauschkurs brav in Mark um.

Rechtzeitig zu den Abschlussprüfungen in Weißensee ist er zurück. »Ich spüre, wie erleichtert alle an der Hochschule sind, dass ich wieder da bin. Nach der Wiedervereinigung lese ich in meiner 280 Seiten starken Stasi-Akte, dass Walter Womacka persönlich für mich gebürgt hat. Ich habe niemanden enttäuscht.«

Nichts ist, wie es war

Als Erich John aus den USA zurück nach Berlin kommt, ist er ein anderer geworden. In den zurückliegenden vier Monaten hat er Außergewöhnliches erlebt. Er lernte nicht nur eine gut ausgestattete Design-Ausbildungsstätte kennen, sondern auch ein anderes Land und eine andere Gesellschaftsordnung. Das Dilemma in der Heimat hat er von außen noch deutlicher erkannt. Er ärgert sich über die verfehlte Wirtschaftspolitik der DDR. John, der ohnehin kein Blatt vor den Mund nimmt, äußert sich öffentlich kritisch über politische Fehlentscheidungen. »Wenn wir mit der DDR weiterkommen wollen, muss sich grundlegend etwas ändern. Die Planwirtschaft ist zu schwerfällig. Die DDR-Industrie setzt falsche Schwerpunkte. Wir haben unter anderem keinen ausreichenden Werkzeugbau«, zählt er auf. »Die Rathenower Optischen Werke produzieren 1985 mit denselben Herstellungsverfahren wie 1961. Zum Beispiel verwenden wir noch den Kokillenguss. Der ist veraltet. Damit ist es für mich unmöglich, ein optimales Produkt zu entwickeln. International ist der Spritzguss üblich. Im Osten Deutschlands sind kaum technologische Fortschritte feststellbar.«

Mit solchen Wahrheiten macht er sich unbeliebt. Im Verband Bildender Künstler der DDR wird er kaltgestellt, von Funktionären angegangen: »Ich habe gehört, es gefällt dir nicht mehr in der DDR?« Dabei geht es ihm nicht darum, das Land aus Prinzip zu kritisieren – Erich John will Dinge verändern und verbessern: »Ich habe mich in meinem Leben nie mit etwas abgefunden, was sich auch besser machen ließe!« Plötzlich funktioniert sein privater Telefonanschluss nicht mehr. Drei Tage lang geht das so, dann kommt ein Techniker vorbei. Er werkelt lange an der Anlage herum. Erich John ist sofort klar: Spätestens ab jetzt wird er abgehört. Er und seine Familie leben damit. Sein lakonischer Kommentar: »Ist eben so! Sagen wir halt nicht alles am Telefon.« Während er von der einen Seite angefeindet wird, schlägt ihm von der anderen Bewunderung entgegen. Plötzlich ist Erich John gefragt wie nie zuvor, zahlreiche Hochschulen, Verbände und Betriebe laden ihn ein. Denn er hat etwas, was sonst niemand hat: Erlebnisse und eigene Fotografien aus den USA. Mit zwei Projektoren und rund fünfhundert Dias bestreitet er Vorträge über ein Land, das kaum einer der 17 Millionen DDR-Bürger besuchen darf.

Die Versorgungslage der Bevölkerung verschlechtert sich weiter, der Export wirft immer weniger ab. Der SED-Parteitag ordnet an, dass jeder Betrieb zusätzlich Konsumgüter herstellen müsse – unabhängig davon, was er eigentlich produziert. Damit sind viele Betriebe überfordert, sodass sie sich Hilfe suchend an die Kunsthochschule wenden. Erich John, der als Fachgebietsleiter jeweils das vierte Studienjahr betreut, lässt seine Studenten eine Reihe von Konsumgütern entwerfen. Welches Produkt soll beispielsweise ein Sägewerk für den Einzelhandel herstellen? Die Studenten entwickeln Flurgarderoben aus Holz. Die Mathias-Thesen-Werft in Wismar baut normalerweise Schiffe. Für deren Konsumgüterproduktion entwirft die Kunsthochschule Stahlrohrmöbel. Für das Stendaler Stahlmöbel- und Wärmegerätewerk, bei dem der Professor und seine Studenten sogar eine ganze Woche zu Besuch sind, entwerfen sie neue Stahlrohrstühle. »Wir sind hochkreativ und haben am Ende die Wände voller Entwürfe. Meine ehemaligen Studenten schwärmen noch heute davon.« Sogar der Bereich Kommerzielle Koordinierung, kurz KoKo, zuständig für die Devisenbeschaffung der DDR, klopft bei John an. Der Kunstschmied in ihm ist gefragt. Er entwirft kombinierbare Gusselemente für Zäune, die dann gegen Valuta verkauft werden. Eine der Gitterwände stellt er als Erinnerung in den eigenen Garten.

Erich John erhält einen letzten großen Auftrag vom Berliner Magistrat, er soll ein Gestaltungskonzept für das Pergamonmuseum auf der Museumsinsel vorlegen. Im Vorfeld der 750-Jahr-Feier Berlins, die in der geteilten Stadt getrennt begangen wird, werden Gäste von überallher erwartet. Der neu geschaffene Eingangsbereich im U-förmigen Hof des Pergamonmuseums soll repräsentativer werden. Der Professor entwirft unter anderem für das Besucherleitsystem Stelen aus Edelstahl und legt Wert darauf, dass sie flexibel gestaltbar sind. Informationen, die sich nicht ändern wie beispielsweise die Öffnungszeiten, werden in den Edelstahl geätzt, für wechselnde Ausstellungen dagegen gibt es austauschbare Platten. Das ist so praktikabel, dass die Stelen noch viele Jahre lang im Hof stehen bleiben, bis das Entree des Pergamonmuseums erneut umgebaut wird.

Mit den Konstrukteuren der Rathenower Optischen Werke designt er ein letztes Lichtmikroskop, ein Polarisationsmikroskop. Er bedauert, dass es nicht mehr in Serie geht. Denn die DDR ist am Ende, und der Rathenower Betrieb wird abgewickelt.

Professoraler Abgang

Ende der 1980er-Jahre liegen die Nerven der SED-Funktionäre blank. Aber Erich John bleibt seinen Prinzipien treu. »Kein einziger Student wird bei mir aus politischen oder ideologischen Gründen rausgeschmissen! Das kann jeder an der Hochschule bezeugen.« Einmal eskaliert die Situation. »Ein Student des vierten Studienjahres, der bereits eineinhalb Jahre Grundwehrdienst bei der Nationalen Volksarmee geleistet hat, weigert sich, zusätzlich eine Verpflichtungserklärung zum Reserveoffizier zu unterschreiben. An ihm soll ein Exempel statuiert werden.« Für Erich John unerwartet, stimmen einige Kollegen für einen Rausschmiss. Als Fachgebietsleiter soll er seinem Studenten die Note Fünf erteilen und ihn dann für eine Exmatrikulation vorschlagen. John protestiert entschieden: »Wenn ich das tun muss, lege ich sofort meinen Posten als Fachbereichsleiter nieder!« Daraufhin verlässt er die Senatsrunde, informiert Kollegen und Studenten und rechnet mit seiner Entlassung. Dazu kommt es dann doch nicht. Sein Mut hat sich gelohnt. Erich John bleibt im Amt. Der Student wird nicht exmatrikuliert, wenngleich seine Diplomnote von »sehr gut« auf »gut« herabgestuft wird.

Im Spätsommer 1989 hat Erich John die Nase voll. In der DDR werden nach und nach die Machenschaften der Stasi bekannt. Auch an der Kunsthochschule sollen inoffizielle Mitarbeiter der Staatssicherheit arbeiten und studieren. Darüber ist er so empört, dass er sein Parteibuch zurückgibt. Gleichzeitig mit seinem Austritt aus der SED bittet er darum, ihn von der Aufgabe als Fachgebietsleiter zu entbinden. Er wolle nur noch als lehrender Professor an der Hochschule arbeiten. Es folgt eine heftige Diskussion, im Zuge derer John fordert, dass sich die inoffiziellen Mitarbeiter zu erkennen geben und erklären, wie sie zu Spitzeln wurden. Möglicherweise könne man Verständnis für ihr Verhalten aufbringen. Einer kommt tatsächlich persönlich zu ihm. Andere Namen liest er später in seiner Stasi-Akte. Es rumort an der Hochschule. Rektor Rudolf Grüttner – Walter Womacka ist im Jahr zuvor in Pension gegangen – bedauert, dass John seinen Posten als Fachgebietsleiter niederlegen möchte, entspricht aber dieser Bitte. Der Hochschule bleibt der Professor für Formgestaltung erhalten. Zunächst.

Professor Erich John im Jahr 1992

Eine neue Zeit bricht an. Am 3. Oktober 1990 feiert Deutschland seine Wiedervereinigung. Der Berliner Senat übernimmt Erich John als Professor im Hochschuldienst. Doch nach der Abgeordnetenhauswahl 1991 will die neue Landesregierung nicht länger zwei Kunsthochschulen betreiben. Die Weißenseer Hochschule soll in der West-Berliner Hochschule der Künste aufgehen. Erst nach heftigen Protesten aus dem In- und Ausland zieht der Senat seine Entscheidung zurück. Trotzdem entlässt er alle Angehörigen der Ost-Berliner Hochschule zum Ende des Sommersemesters 1992. Zwar dürfen sie sich bei der Neugründung der Kunsthochschule im Herbst auf ihre alten Stellen bewerben, es gibt allerdings eine Bedingung: Jeder Bewerber aus dem Osten muss zwei Mentoren aus den alten Bundesländern erbringen, die ihm den Status als »Lehrender für Design« schriftlich bestätigen. »Für mich wäre das kein Problem«, meint Erich John, »denn ich hatte schon vor dem Ende der DDR, Anfang 1989, in westdeutschen Hochschulen wie Stuttgart, Düsseldorf und Wuppertal Vorlesungen gehalten. Mir hatte man über einen deutsch-deutschen Vertrag ein Adenauer-Stipendium zugeschanzt. Ich hätte damals im Westen bleiben und dort lehren können. Aber ich wollte nicht der Erste sein, der in den Sack haut.« Er war loyal geblieben. Dass er nun Mentoren vorweisen soll, nachdem er 27 Jahre lang als Dozent und Professor Generationen von Designern ausgebildet und geprägt hat, empfindet er als Demütigung. »Diese Arroganz gegenüber den Ostdeutschen ist für mich absolut inakzeptabel. So tief muss ich mich nicht bücken!« Die Forderung des Berliner Senats kränkt ihn zutiefst. Erich John spricht verbittert von einer Siegermentalität, die viele DDR-Bürger nach der deutschen Wiedervereinigung zu spüren bekommen hätten.

Der Senat bietet den Angestellten der Hochschule, die das sechzigste Lebensjahr erreicht haben, an, in den Vorruhestand zu gehen. Erich John nimmt das Angebot an. Das erleichtert dem passionierten Professor den endgültigen Abgang als Lehrender. Im Nachhinein ist er froh, beim Postengeschacher, das nun an der Hochschule ausbricht, nicht mitmischen zu müssen. Er meldet stattdessen ein Gewerbe als Innenarchitekt an und arbeitet drei Jahre lang mit der Firma seines Sohnes in Altentreptow in Vorpommern zusammen. Vater und Sohn richten Geschäftsräume für Läden, Restaurants und Hotels ein. Seit dem Fall der Mauer gibt es reichlich zu tun.

Als Erich John fast 63 Jahre alt ist, stellt ihn das Finanzamt vor die Wahl zwischen einer vollwertigen Selbstständigkeit als Innenarchitekt oder der Pension. Er überlegt und zieht schließlich den Ruhestand vor. Seinen in die Jahre gekommenen Wartburg ersetzt er durch ein West-Auto. Für dieses entwirft er ein Zelt, das sich wie eine Art Schlafzimmer an das Fahrzeug anbauen lässt. Er schneidet den Stoff zu, seine Frau näht ihn zusammen. Gemeinsam bereisen sie damit ganz Europa und unternehmen darüber hinaus Flugreisen nach Afrika, Asien und in die USA. Sie schauen sich all das an, was zu besichtigen ihnen in der DDR-Zeit verwehrt war. Besonders glücklich ist das Ehepaar im Badeort Paguera auf Mallorca. Seit den 1990er-Jahren verbringt es jedes Jahr fast den gesamten März auf der spanischen Insel. John belebt die Leidenschaft seiner Jugend neu und malt Landschaften und Porträts. Zufällig begegnet er seinem Weißenseer Künstlerkollegen Friedrich Porsdorf wieder, der sich ebenfalls in Mallorca verliebt hat. Schon bald bilden sie ein bei den Einheimischen bekanntes Maler-Duo. Erich John ist mit sich im Reinen.

Seine langjährige Wirkungsstätte, die Kunsthochschule Berlin-Weißensee, formiert sich derweil neu. Die Bezeichnung Formgestaltung verschwindet aus dem Sprachgebrauch und aus den Lehrplänen, stattdessen bildet die Einrichtung nun Produktdesigner aus. Zunächst kappt Erich John jede Verbindung zur Hochschule, um sich vor dem Schmerz zu schützen. Von all den Professoren, die jahre- oder jahrzehntelang hier lehrten, ist nur der Name des Architekten Selman Selmanagić in der Hochschule präsent. Seine denkmalgeschützte Aula wird 2011 von der Wüstenrot-Stiftung für 1,5 Millionen Euro restauriert. Erich John hatte einst die Lampen für die Mensa entworfen, die inzwischen längst ausgetauscht worden sind. Wenn man John nach einer persönlichen Ehrung fragt, winkt er ab. Er nimmt sich selbst nicht so wichtig. Trotzdem ist er traurig, wie damals sein Abgang vonstattenging. »Ich war der Kunsthochschule 32 Jahre lang eng verbunden, erst als Student, dann als Dozent, schließlich als Professor. Ich beobachte die Entwicklung weiterhin mit großem Interesse. Zumindest mit dem Gebiet, das ich einst verantwortete, der Produktdesign-Ausbildung, bin ich sehr zufrieden.«

Nachdem sich Erich John ein paar Jahre lang bei der Kunsthochschule nicht hat blicken lassen, stattet er ihr nun an den Tagen der offenen Tür wieder regelmäßig Besuche ab, und die neue Hochschulleitung lädt ihn zu Veranstaltungen ein. Beim

Alumni-Treffen 2018 ist er einer der ältesten Absolventen – kein Wunder, war er doch 1953 einer der vier ersten Formgestalter-Studenten überhaupt. Bei dem Empfang mit Sekt und Häppchen wird er von seinen ehemaligen Studenten geherzt und gedrückt. Da ist beispielsweise Designer Christoph Geyer, der von 1979 bis 1984 industrielle Formgestaltung studierte, Erich John betreute seine Diplomarbeit. »Wir haben damals ein Fahrgastschiff entworfen, für die zahlreichen Flussfahrtnutzer in der Sowjetunion«, erzählt Geyer. »Erich John war für mich ein fantastischer Ideengeber. Er konnte die Dinge, die ich gerade in meinem jugendlich-wirren Kopf wälzte, sofort aufgreifen. Und er war ein hervorragender Kenner der damals verfügbaren Technologien.« Cornelia Hentschel hat 1990 in Weißensee ihr Formgestalter-Diplom gemacht und arbeitete anschließend selbst als Dozentin. Bis 2017 war sie Professorin für Produktdesign, zuletzt an der Hochschule Wismar. Die von ihr in Weißensee entwickelte Teemaschine für den Ost-West-Handel erhielt zwar Preise, ging aber durch die Wirren rund um die Wendezeit leider nie in die Produktion. Auch Cornelia Hentschel wurde von Erich John geprägt: »Professor John arbeitete zuerst an der Gestalt, er ging von der Silhouette aus. Das hat er anders gemacht als andere, und das ist etwas Besonderes, denn jedes Produkt wirkt zunächst durch seine äußere Form, durch die Kontur. Erst danach nimmt man die Details wahr und die Farben. Außerdem hatte er unglaublich viel Wissen über die internationale Designszene, weil er ja in den USA war und Kontakte hatte, und manchmal kam auch jemand zu uns. Das war sehr anregend und hat uns stets weitergebracht.«

Sonst erinnert an der Kunsthochschule wenig an den langjährigen Professor für Formgestaltung. Einer der Gründe dafür ist, dass die Hochschule 1992 ihren gesamten Nachlass entsorgt hat. »Es gibt fast nichts mehr von den alten Sachen«, muss Leonie Baumann feststellen, als sie 2011 zur Rektorin berufen wird. »Einige Objekte sind in die Sammlung Industrielle Gestaltung gewandert, einige ins Landesarchiv oder in Bundesarchive. Hier an der Hochschule haben wir nicht einmal mehr das Fotoarchiv. Wir müssen unsere eigenen Archivalien zurückkaufen. Immerhin beginnen wir jetzt damit, ein digitales Archiv aufzubauen. Darum sind für uns Zeitzeugen wie Erich John sehr wichtig. John hat lange an dieser Forschungsstätte gewirkt und mit seinen symbolhaften Realisierungen im Stadtraum wie der Weltzeituhr Großes geleistet.«

Jeder kennt sie, niemand kennt ihn

Es ist ein Donnerstag, früh um acht Uhr, der Fototermin für dieses Buch steht. Treffpunkt ist natürlich die Weltzeituhr. Erich John reicht Michael Salchow die Hand – dem Mann, der vor drei Jahren die Telefonnummer des Designers herausgerückt hat. Als Elektriker kennt Salchow die Weltzeituhr seit vierzig Jahren in- und auswendig. Er hat schon als Lehrling daran herumgeschraubt. Seit vielen Jahren schließt er im Auftrag des Bezirksamtes Berlin-Mitte alle vier Wochen die geheime

John im Innern der Weltzeituhr, seiner berühmtesten Erfindung

Tür im Schaft auf, um nach dem Rechten zu sehen. »Es geht nicht viel kaputt«, versichert er. »Das ist eine robuste, einfache Technik, die mit wenigen Handgriffen immer wieder zum Laufen gebracht werden kann.« Erich John lässt sich die Gelegenheit nicht entgehen, mit hineinzuklettern. Er war seit der letzten Sanierung 1997 nicht hier oben. Aber es sieht noch genauso aus wie damals, höchstens ein bisschen staubiger ist es, die Uhr ist ja nicht luftdicht abgeschlossen. Von außen dringen die Geräusche des Platzes in die Rotunde. Fotograf Günter Schneider gefällt der Moment, als der 86-Jährige die steile Leiter emporklimmt und durch die schmale Öffnung ins Innere der Uhr guckt. Er drückt auf den Auslöser der Kamera, Erich John lächelt gern in Richtung Objektiv. »Das mit der Weltzeituhr ist schon eine irre Geschichte«, schwärmt der Erfinder. »Fünfzig Jahre ist das jetzt her! Mit der Uhr habe ich die intensivsten neun Monate meines Lebens verbracht.«

Bleibt noch die Zuschauerfrage vom Anfang zu beantworten: Gibt es hier nur die Normalzeit, also die Winterzeit? »Ja«, versichert Erich John, »die Weltzeituhr soll nicht vor- oder zurückgestellt werden.« Technisch wäre das zwar einfach, der Stundenring ließe sich mit ein bisschen Muskelkraft durchaus regulieren. Seit sich 1980 beide deutschen Staaten und viele weitere Länder Europas auf die Sommerzeit einigten, wurde die Weltzeituhr aber nie umgestellt. Wie der Name schon sagt, bleibt sie stets bei der Weltzeit, darauf besteht ihr Erfinder, »weil das sonst den Zeitbezug auf der Erde durcheinanderbringt«. Es gibt viele Staaten, die ihre Uhren nie vor- oder

▷ *Neben Alexanderhaus, Fernsehturm, S-Bahnhof und Berolinahaus prägt die Uhr den Alex*

KRASNOJARSK
IRKUTSK
ULAN-BATOR
ALMATY
TASCHKENT
21
22
23
24
HANOI
BANGKOK
PHNOM PENH
JAKARTA
SHANGHAI
MANILA
PERTH
HONGKONG
KUALA LUMPUR
SINGAPUR
RANGUN
DHAKA
KARACHI
Sparkasse

CHABAROWSK
WLADIWOSTOK
MAGADAN
SACHALIN
SYDNEY
CANBERRA
MELBOURNE
ALEXANDERPLA

zurückdrehen oder die – wie beispielsweise Russland 2014 – die halbjährliche Zeitumstellung wieder abgeschafft haben. An der Weltzeituhr kann man sich trotzdem auch im Sommer zur aktuellen Berliner Zeit verabreden, wird diese doch von den vier runden Zeigeruhren am Schaft angezeigt.

Egal, welche Uhrzeit sie auch anzeigt: Die Weltzeituhr ist im wiedervereinten Berlin und gleichzeitig im wiedervereinten Deutschland angekommen. Rings um ihren Schaft stehen Leute, die rätselnd und bewundernd zu ihr emporblicken oder auf ihre Verabredung warten. Eine junge Frau verteilt Flyer für Stadtrundgänge, der Fuß der Weltzeituhr bildet den Startpunkt. Touristen schießen von allen Seiten Fotos mit ihren Smartphones. Ein Hobbyfotograf wirft sich in den Straßenstaub für die perfekte Perspektive – auf dem Boden liegend, bekommt man die Weltzeituhr zusammen mit der Glitzerkugel des Berliner Fernsehturms aufs Bild, sozusagen eine Kombination zweier ostdeutscher Architektur-Ikonen. In Hörweite spielen Straßenmusiker. Auf den nahen Sitzbänken lungern Überlebenskünstler herum. »In der ganzen Zeit der DDR ist nicht einmal erwähnt worden, dass ich die Uhr gemacht habe«, sinniert Erich John. Er lächelt zwar, doch Wehmut schwingt bei seinen Worten mit. Für dieses brillante Bauwerk nicht wirklich gewürdigt worden zu sein, das schmerzt bis heute.

Immerhin: Der Berliner Senat hat die Weltzeituhr 2015 in die Liste schützenswerter Gebäude aufgenommen – zeitgleich mit dem Haus des Berliner Verlages und dem Haus des Reisens. Das alles seien »Zeugnisse von künstlerischer, städtebaulicher und geschichtlich überragender Bedeutung«, schwärmte die Berliner Senatsbaudirektorin Regula Lüscher bei der Verkündung. »Die Weltzeituhr ist ein wichtiges Zeugnis der Hochphase der DDR«, erklärte Hubert Staroste vom Landesdenkmalamt Berlin, der die Bau- und Kunstdenkmale der Stadt erfasst und erforscht. Mitte der 1960er-Jahre habe es in der DDR eine neue politische Ausrichtung gegeben. »Als man den Alexanderplatz neu gestaltete, da war die Weltzeituhr ein wichtiges künstlerisches Element, um Weltoffenheit zu präsentieren.«

Am 4. November 1989 ragt die zehn Meter hohe Weltzeituhr aus einem Meer von Köpfen heraus, in Ost und West gleichermaßen ist sie auf Fernsehbildern und Zeitungsfotos zu sehen. Dieses Bild brennt sich bei vielen Deutschen ins Gedächtnis. Auf dem Alexanderplatz findet die erste freie, also nicht vom Staat organisierte, aber offiziell genehmigte Massenkundgebung in der DDR statt. Vor allem Schauspieler Ost-Berliner Bühnen haben zur Demo aufgerufen. Es geht um Demokratie, Meinungsfreiheit, Pressefreiheit, um einen Aufbruch in der ostdeutschen Republik. Ein knappes Jahr später ist die DDR bereits Geschichte.

Gibt es ein DDR-Design?

Erich John überlegt, dann holt er tief Luft und legt los: »Ich war immer mit der Frage konfrontiert: Können die Betriebe das Entworfene so produzieren – ja oder nein? Meistens ging es nicht. Darum musste ich zuerst fragen: Welche Möglichkeiten gibt es denn? Was kann man mit den vorhandenen Ressourcen und Maschinen überhaupt herstellen? Die Ausstellung ›Alles nach Plan‹ bezieht sich auf die Arbeit vom Amt für Formgestaltung. Ja, das Amt plante. Aber in den Betrieben sah es völlig anders aus. ›Nach Plan‹ war eine Wunschvorstellung. In der ostdeutschen Realität war das großer Quatsch, von Plan konnte keine Rede sein. Alles nach Möglichkeiten! Wenn wir Formgestalter gekonnt hätten, hätten wir ganz andere Dinge entworfen. Ich habe noch 1948 in Neukloster aus Luftschutztüren Öfen gebaut und aus drei kaputten Fahrradschläuchen einen funktionstüchtigen gemacht. Das war die Realität!«

Und was macht das DDR-Design aus? »Eigentlich gibt es kein DDR-Design«, beharrt Erich John. »Das sind einfach Entwürfe von guten Designern, die den Anspruch hatten, das Bestmögliche für die Menschen zu entwerfen. Formgestaltung hat auch etwas mit Moral zu tun. Deshalb nimmt dieses Design einen wichtigen Platz in der Gegenwart ein. Heutzutage werden Ostprodukte bewundert, weil sie sachlich, konkret und langlebig waren. Sie mussten lange halten, denn die Rohstoffe waren knapp. Es gab – im Gegensatz zu den heutigen Produkten – nirgendwo Sollbruchstellen, damit der Kunde nach Ablauf der Garantie etwas Neues kaufen muss. Wenn heute die Dinge so lange halten würden wie in der DDR, hätten die Leute keine Arbeit mehr. Darum werden ja bewusst Stellen eingebaut, an denen sie kaputtgehen nach einer bestimmten Zeit. Das ist der reine Irrsinn, weil wir damit Rohstoffe und Ressourcen vergeuden. Es ist eine Politik, die sich nur am Gewinn orientiert und nicht an den Menschen.« Sein Credo als Designer lautete stets, mit dem geringsten Aufwand unter den gegebenen technologischen Möglichkeiten etwas Nützliches für die Menschen zur Verbesserung ihrer Lebensbedingungen herzustellen. »Er hat nie etwas vorgeschlagen, das wir nicht produzieren können«, resümiert Rolf Merkel, ehemaliger Konstrukteur der Rathenower Optischen Werke. »Es gibt beachtenswerte Elemente des DDR-Designs – Langlebigkeit vor allem«, sagt Martin Kelm. »Die Designer mussten eine Form finden, die von der Bevölkerung angenommen wurde.«

Heute ist DDR-Design ein abgeschlossenes Sammelgebiet. Langsam füllen sich die Museen in Ost und West, zum Beispiel in Berlin, Leipzig, Nürnberg und Los Angeles, mit Produkten »Made in GDR«. Messen wie die Ost-Pro, auf der Ostprodukte reißenden Absatz finden, ziehen Menschenmassen an. Je länger die DDR nicht mehr existiert, desto länger werden die Schlangen am Einlass.

Den DDR-Objekten widmet Günter Höhne besonderes Augenmerk. Der ehemalige Chefredakteur von »form + zweck«, der Fachzeitschrift für industrielle Formgestaltung der DDR, versucht, die Erinnerung an die Produkte wachzuhalten. »DDR-Design ist das Design, das in der DDR entstanden ist«, lautet seine Erklärung. »Aber ein typisches DDR-Design gibt es nicht, genauso wenig wie es ein bundesdeutsches Design gibt. Klar, es gab auch viel Mist in der DDR – besonders dann, wenn keine Designer mitgewirkt haben. Vielen Betriebsdirektoren galten Designer als Störenfriede, die die Massenproduktion und das Planziel torpedieren wollen. Trotzdem bildeten sich typische Merkmale heraus. Die Produkte im Osten sollten lange funktionieren. Sie durften keinen Moden unterliegen, mussten reparaturfreundlich und nachrüstbar sein. Sie sollten eine lange Bindung an den Menschen eingehen. All das findet man bei Erich John. In der DDR war er einer der führenden Designer. Er orientiert sich stets an anmutiger Sachlichkeit und will für die Menschen behutsam etwas Gutes entwickeln. Erich John hat nie Schnickschnack entworfen«, so Höhne. »Nur ein einziges Objekt fällt da heraus: die Weltzeituhr. Die ist aber ein Unikat und hat nun mal viele dekorative Elemente.« Aber das sollte ja so sein.

»Ich bin stolz darauf, die Weltzeituhr entworfen und als Bauleiter realisiert zu haben«, freut sich Erich John. »Und ich bin glücklich, dass sie immer noch steht, dass sie die DDR überlebt hat.«

Abbildungsverzeichnis

Georg Eckelt: S. 45

Günter Höhne: Vorderseite Umschlag (oben links), S. 29, 31, 36 links, 38, 40

Erich John: Vorderseite Umschlag (unten rechts), S. 10, 11, 13, 15, 16, 23, 27, 32, 34, 42, 49, 61, 63, 70

Günter Schneider: Vorderseite Umschlag (unten links), S. 9, 53, 54, 55, 57, 58, 60, 73, 74/75, Rückseite Umschlag

Heike Schüler: Vorderseite Umschlag (oben Mitte, oben rechts), S. 35, 36 rechts, 37

VEB Rathenower Optische Werke: S. 41

Abbildungen auf dem Umschlag

Vorderseite (von links oben nach rechts unten): Radio Undine II, Eispokale, Schülermikroskop, Weltzeituhr, Wartburg-Lenkrad

Rückseite: Erich John vor der Weltzeituhr